30分钟学会啤酒品鉴，关于啤酒你不知道的49件事

BIEROGRAPHIE

啤酒
有什么好喝的

[法]伊丽莎白·皮埃尔　[法]安妮·洛尔范　著

[法]梅洛迪·当蒂尔克　绘　吕文静　译

中信出版集团·北京

伊丽莎白·皮埃尔

独立啤酒专家，酿酒师，国际评委，拉罗谢尔大学讲师。向公众和专业人士传播啤酒知识和文化已逾20年，由她创立的啤酒品尝沙龙和明星啤酒课程都取得了巨大的成功。她是国际独立啤酒专家组织法语区协会的创始者，创立了"Bierissima"奖，用以表彰那些在啤酒领域做出突出贡献的女性。参与编辑了《啤酒口袋书》，撰写了畅销书《阿歇特啤酒指南》和《啤酒品尝导则》。

安妮·洛尔范

记者，美食杂志资深编辑，法国美食节目《让我们来品尝美食吧！》的特约撰稿人，《巴黎快报》"口渴的米亚姆"专栏的作者。

梅洛迪·当蒂尔克

插画设计师。毕业于巴黎奥利维尔时尚设计学院，在巴黎教绘画。其作品风趣幽默、时尚前卫。曾在多部作品中负责绘画、插画等设计方面的工作。

简　　　　　介

啤酒已经有几千年的酿造、饮用历史。一到夏季，很多人都会选择啤酒作为首选消暑饮品。每年有数十亿升的啤酒被人们喝进肚子里。

但你知道好啤酒的评判标准究竟是怎样制定出来的吗？
在琳琅满目的酒柜前面，如何才能一眼挑出最适合你的那款啤酒？

要知道，啤酒也有着像葡萄酒一样传奇的历史、丰富的味道和很多可讲述的文化趣闻。

在本书中，法国独立啤酒专家伊丽莎白·皮埃尔与美食杂志资深编辑安妮·洛尔范通过300余张充满法式风情的时尚手绘图，公布关于啤酒最值得我们关注的49个问题的答案，轻松呈现啤酒的价值和品鉴要点。

一起来多了解些好啤酒的标准和依据吧。学会如何品尝、挑选和享受啤酒，不论何时何地，都能给自己和朋友挑选出绝佳的佐餐、聚会啤酒！

序：这么多年的啤酒白喝了吗？

近几年来，进口啤酒的种类和数量持续增长，让国内广大啤友兴奋不已。然而，很多啤友只是觉得进口啤酒好喝，却说不出个所以然，甚至有些困惑和迷茫。

什么是修道院双料？三料？四料？双料IPA又是什么？德国啤酒是世界上最好喝的啤酒吗？波特和世涛有什么区别和联系？拉格啤酒都是寡淡不好喝的工业啤酒吗？为什么有那么多形状的啤酒杯？啤酒配餐有哪些讲究？自己在家里酿啤酒难吗？

关于这些疑问，很多啤友在啤博士微信公众号的后台留过言，也在知乎上提问过。虽然我们曾经深入介绍过各种啤酒风格的来龙去脉，甚至深挖过几百年前的八卦故事，但毕竟要读完我们所有的文章也需要极大的耐心和热情。

本书恰以插画的形式另辟蹊径，更直观生动地讲述了啤酒的前世今生。几位作者和译者用女性细腻的笔触娓娓道来，将49个关于啤酒的知识点以"误区"的形式阐述，仿佛老妈或者女友在嗔怪你"这些年的啤酒都白喝了"，你虽心有不甘却也只能默默点头叹服，因为你知道，不要和女人争论，她们永远是对的。

本书入眼色彩丰富，闻起来是香气袭人的油墨味，前段是认识啤酒的原料和种类，中段是品尝啤酒的地域和偏好，回味是啤酒的历史和文化，知识量饱满，上下文平滑顺畅，知识性和可读性非常平衡，特此向广大啤友推荐此书！

@啤博士

2017年3月21日

目　　　　　　录

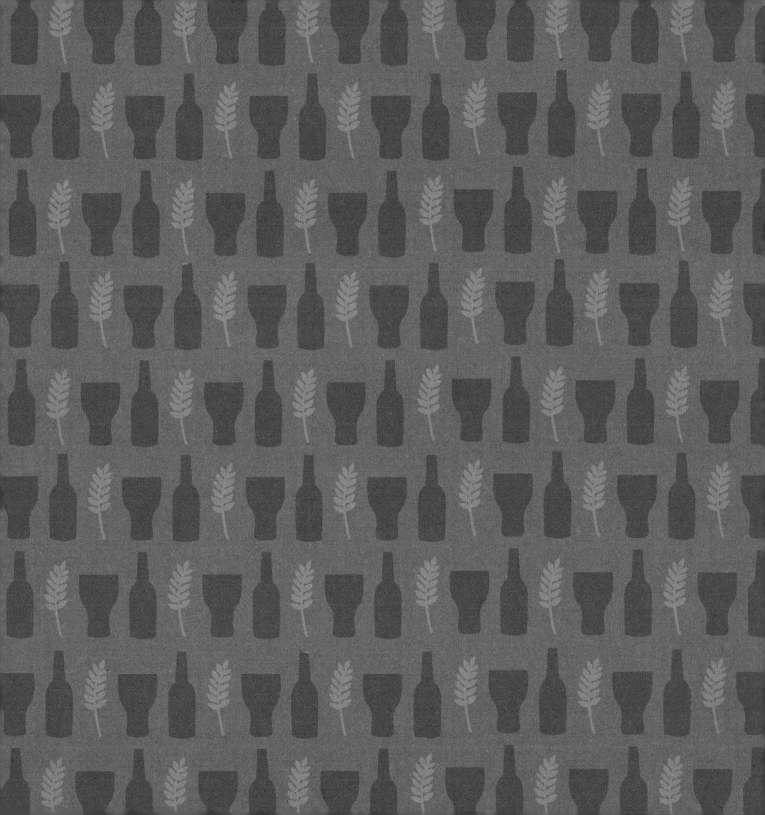

从味道开始，认识啤酒

①

从味道开始，认识啤酒

误区1：啤酒嘛，喝起来哪有红酒那么讲究

根据啤酒的香气、风味及其提供的其他感受，啤酒的品鉴要将人的5种感官都调动起来。下面列举了一些品尝啤酒时可以参考的线索。

看！

外观是啤酒给我们的第一印象。犹如餐盘放在桌面的那一刻，你就能知道它是不是你的菜。

闻！

欣赏啤酒的芳香！
1. 闻一下手中的啤酒。
2. 转一转杯子，让酒液和空气接触。
3. 当杯中酒酌饮过半，酒液转温，会散发出一些新的气味。

吸八
吸八

摸！

啤酒端上来，摸摸酒瓶和酒杯。接触的那一刻，你的触觉感官会提示你啤酒的温度。

尝！

不同的啤酒口感各异：饱满、细密、杀口、清爽、温暖、苦涩、柔和……

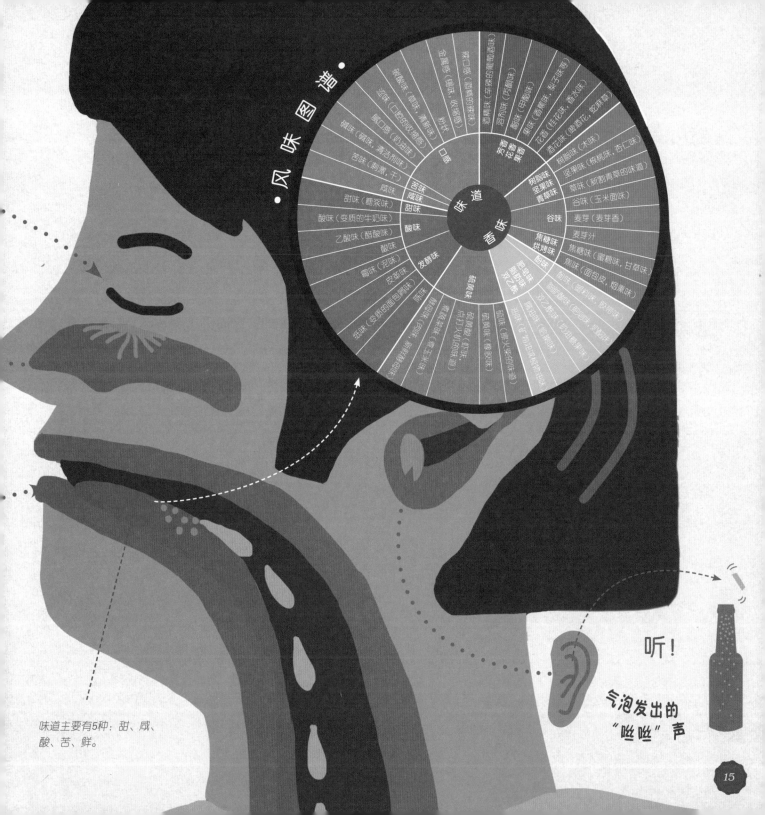

·风味图谱·

味道

香味

味道主要有5种：甜、咸、
酸、苦、鲜。

听！

气泡发出的
"咝咝"声

15

从味道开始，认识啤酒

误区2：啤酒没什么营养

"啤酒的成分决定了它的特性、创新性和食用价值。关于啤酒营养价值的真相是：啤酒中富含营养成分，足以支撑我们的日常消耗。"

——法国保健和医学研究所琼·马克·布雷博士

	啤酒营养成分表 （5°的啤酒）
酒精含量（克/升）	40
总碳水化合物（克/升）	35
蛋白质（克/升）	4
卡路里（克/升）	440
钙（毫克/升）	30 ~ 100
镁（毫克/升）	70 ~ 135
磷（毫克/升）	70
钾（毫克/升）	300 ~ 450
钠（毫克/升）	25 ~ 130
维生素	维生素
B1——硫胺素（微克/升）	5 ~ 150
B2——核黄素（微克/升）	300 ~ 1 300
B3——烟酸（毫克/升）	5 ~ 20
B5——泛酸（毫克/升）	0.4 ~ 1.2
B6——吡哆醇（微克/升）	400 ~ 1 700
B9——叶酸（毫克/升）	0.1 ~ 0.13
B12——钴胺素（毫克/升）	0.09 ~ 0.14
C——抗坏血酸（毫克/升）	20 ~ 50

	IFBM（法国酿造与制麦研究院）对无酒精啤酒的分析
酒精含量（克/升）	4.7
总碳水化合物（克/升）	50.5
蛋白质（克/升）	2.26
卡路里（克/升）	244
钙（毫克/升）	50
镁（毫克/升）	47
磷（毫克/升）	250
维生素	维生素
B1——硫胺素（微克/升）	20
B2——核黄素（微克/升）	110
B3——烟酸（毫克/升）	10
B6——吡哆醇（微克/升）	360
B12——钴胺素（毫克/升）	0.058

每升啤酒中含有100~200毫克多酚物质，这些多酚物质对心血管有保健作用。

B族维生素是人体不可或缺的生物催化剂，并且是人体自身无法产生的。
啤酒中某些B族维生素含量较多。

维生素B1：硫胺素➡辅助能量代谢
维生素B2：核黄素➡维持红细胞的完整性
维生素B9：叶酸➡保持优质睡眠、提高记忆力、抗疲劳
维生素B12：钴胺素➡为大脑和身体其他部分提供活力

译者注：无酒精啤酒只是酒精含量低，并不是不含酒精。

从味道开始，认识啤酒

误区3：啤酒太苦了

对于成年人来说，苦是一种微妙而复杂的味道，代表着人生历程中的磨砺和成长。在烹饪时，苦味能够带来平衡、舒缓、和谐……而在啤酒中……

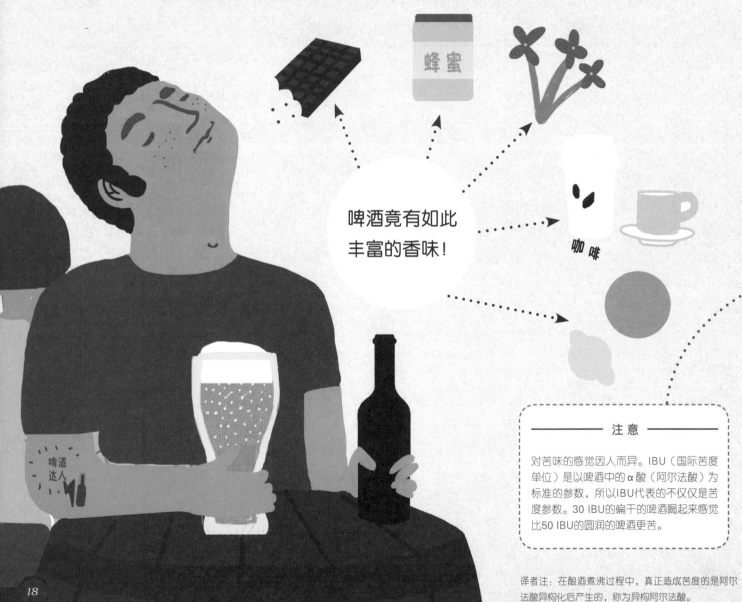

蜂蜜

啤酒竟有如此
丰富的香味！

咖啡

啤酒
达人

—— 注意 ——

对苦味的感觉因人而异。IBU（国际苦度单位）是以啤酒中的α酸（阿尔法酸）为标准的参数，所以IBU代表的不仅仅是苦度参数。30 IBU的偏干的啤酒喝起来感觉比50 IBU的圆润的啤酒更苦。

译者注：在酿酒煮沸过程中，真正造成苦度的是阿尔法酸异构化后产生的，称为异构阿尔法酸。

啤酒花

菊苣

龙胆

奎宁

水芹

可可

麦芽

咖啡

巧克力

圆白菜

苦味的不同
类型和来源

什么是IBU？

IBU是酿酒师使用的国际苦度计量单位。1IBU相当于α酸的浓度为1毫克/升。人能够感受到12 IBU以上的苦度。

= 贵兹啤酒
8～12 IBU

= 皮尔森啤酒
12～24 IBU

= 淡色艾尔啤酒
32～38 IBU

—— 入口的不同感受 ——

感觉不错
颇有吸引力

不太喜欢
让人有所排斥或不喜欢

让人讨厌
完全无法忍受

—— 影响啤酒苦度的3个因素 ——

2. 酿酒时啤酒花的使用量。

1. 啤酒花中的α酸含量会因啤酒花的种类和储藏情况而不同。

3. 啤酒花的煮沸时间：煮沸时间越长，啤酒的苦度越高。

从味道开始，认识啤酒

误区4：颜色一样的啤酒味道也一样

当然不是！啤酒的颜色虽然与选用的麦芽有关系，但它绝不是成就啤酒味道的唯一因素。

总体而言，啤酒根据颜色可分为5种：白啤、黄啤、琥珀啤酒、棕啤和黑啤。不同颜色的啤酒风格也可能不同，喝起来味道各异。

蜂蜜

·白啤·

柏林小麦、小麦拉格、德式浑浊小麦、德式小麦、比利时白啤

白啤＝小麦啤酒

·黄啤·

五月博克、淡色艾尔、皮尔森、偏甜味和烈性艾尔、修道院三料、偏甜味和烈性拉格、兰比克、赛兹

酱油

太妃糖

可可

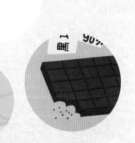

· 琥珀啤酒 ·

琥珀艾尔、大麦烈酒、英式苦啤、博克、IPA（即度淡色艾尔）、拉格、赛尼黑、淡色艾尔、苏格兰艾尔

· 棕 啤 ·

古法黑啤、深色艾尔、修道院双料、拉格、波特、棕色艾尔

· 黑 啤 ·

深色艾尔、帝国世涛、波罗的海波特、波特、深色博克、世涛、德式黑啤

从味道开始，认识啤酒

误区5：黄啤喝起来味道都差不多

一杯黄啤可能是皮尔森、大麦烈酒、德式小麦、比利时三料、烟熏啤酒、IPA或者柏林小麦。

香味

味道

详见32～33页的啤酒种类

皮尔森

偏干

似青草香的酒花香

麦香

德式小麦博克

麦香

香蕉味

丁香味

法式煎吐司味

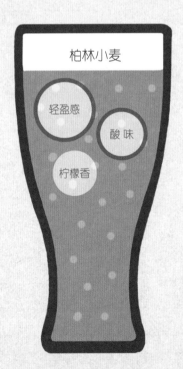

柏林小麦

轻盈感

酸味

柠檬香

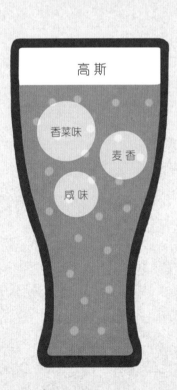

高斯

香菜味

麦香

咸味

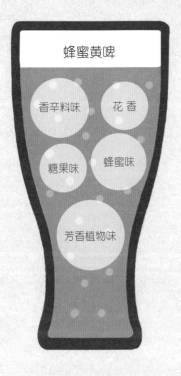

蜂蜜黄啤

香辛料味　花香　糖果味　蜂蜜味　芳香植物味

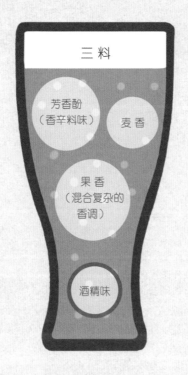

三料

芳香酚（香辛料味）　麦香　果香（混合复杂的香调）　酒精味

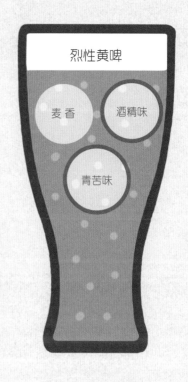

烈性黄啤

麦香　酒精味　青苦味

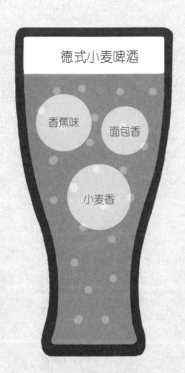

德式小麦啤酒

香蕉味　面包香　小麦香

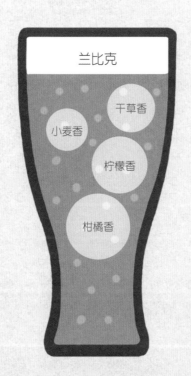

兰比克

干草香　小麦香　柠檬香　柑橘香

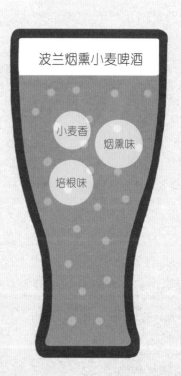

波兰烟熏小麦啤酒

小麦香　烟熏味　培根味

麦芽是一种谷物原料，在用来酿造之前有很多前期操作，所以酿酒师大部分时间是在芽化房里。

麦芽?

我们通常说的麦芽指的是大麦麦芽，不过也可以用其他粮食作物。

 小麦　　燕麦　　斯佩耳特小麦　　大米　　玉米　　高粱

为什么要用大麦来进行啤酒酿造?

• 大麦中的酶含量最高——能最大程度地将淀粉转化为糖。

• 大麦的谷壳是天然的过滤网。

• 大麦能够适应各种气候条件，在不同纬度地区均可广泛种植。

• 在粮食用途方面，小麦都被用来做面包了，所以酿酒只能用大麦。

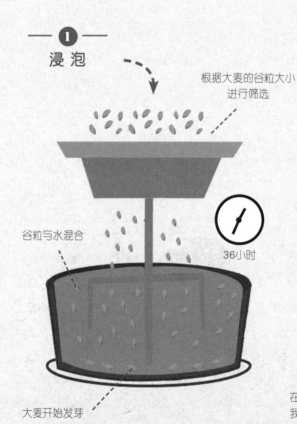

1

浸泡

根据大麦的谷粒大小进行筛选

谷粒与水混合

36小时

大麦开始发芽

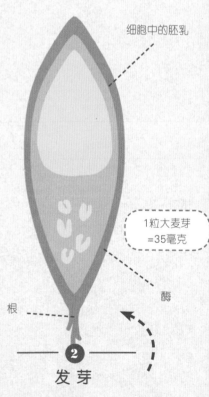

细胞中的胚乳

1粒大麦芽
=35毫克

酶

根

2

发芽

在酿造过程中酶将淀粉降解转化为糖，我们就得到了生麦芽。

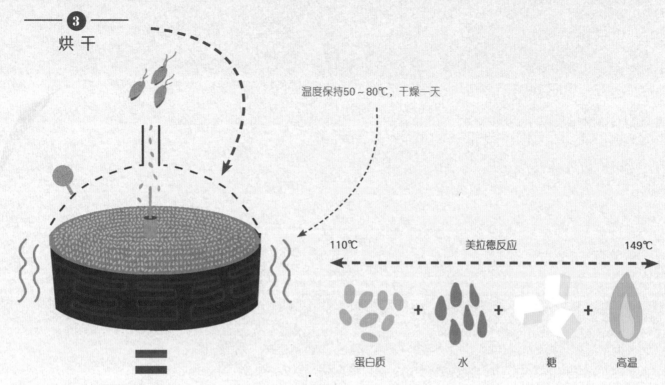

③ 烘干

温度保持50~80℃，干燥一天

美拉德反应

110℃ ←- - - - - - 美拉德反应 - - - - - - → 149℃

蛋白质 + 水 + 糖 + 高温

美拉德反应

麦芽被烘烤为浅色或深色取决于烘烤的时间长短和火力大小。麦芽中的风味和颜色也因温度和时间而不同。

④ 除芽

将麦芽的根（胚芽）剥离出来，给牲畜做饲料。

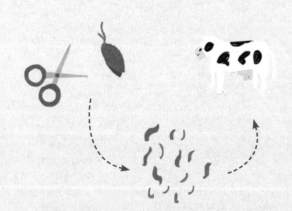

⑤ 不同的麦芽

名称	描述	颜色 （EBC，详见30~31页）
琥珀麦芽	降低啤酒的pH值	65
波西米亚皮尔森麦芽	颜色最浅	2
小麦麦芽	提高泡沫的稳定性、增加稠度	7
结晶或焦糖麦芽	改变啤酒的颜色、增加焦糖风味	60~400

最初的啤酒——水，水一直是酿造中的决定性因素，它是啤酒中最重要的成分。

— 最初的啤酒：水 —

啤酒中90%～95%的成分都是水。

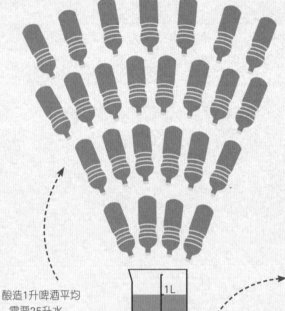

酿造1升啤酒平均需要25升水。

1L

水质因土壤和气候等因素而有所差异。水质会影响麦汁的制备，并且最终决定啤酒的种类。

— 酿造时需要考虑的 — 两个参数：

• pH值（酸碱度）：中性水的pH值是7.0。pH值高于7.0的水呈碱性，低于7.0的呈酸性。

• 酿造时的理想pH值介于5.5至5.8之间。

— 矿物质盐 —

• 钙 •

钙离子是影响水质硬度的主要因素。钙离子能够提高生物酶的活性，并且保证水质的清澄度、风味和稳定性。

• 镁 •

镁离子是一种酸化剂：酸化度越高，水质越硬（50ppm以上：口味酸、苦；125ppm以上：具有缓泻作用，可用作利尿剂）。

• 硫酸盐 •

硫酸盐的比例越高，啤酒花的苦度越高，酒花的香气越重，酒体越干。

• 碳酸氢盐 •

碳酸水是最适合制作清澄啤酒的酿造水。pH值越高，越能中和掉烘烤麦芽时产生的酸度。

• 钠 •

钠离子能够增加酒体的圆润度。

• 氯化物 •

氯化物能够增强酒香。

皮尔森

皮尔森的地下水中矿物质含量很低，地层中的花岗岩和板岩发挥了很好的过滤作用，水质的硬度和碱性都非常低。这种水的酸碱度和淡色麦芽是完美组合。水中含有少量的硫酸盐，能够提升酒花的香气。用这种水酿造的啤酒略带甜味，口味均衡。

多特蒙德

多特蒙德的水比皮尔森的水矿物盐含量更高，其中硫酸盐和碳酸盐的含量也较高：这种水是酿造弱酒花香和充满矿物质的淡色拉格的完美之选。

慕尼黑

慕尼黑的水质中性偏硬，矿物质不多，但富含碳酸盐。为了中和水质，可以采用深色麦芽来酿制深色拉格（比如慕尼黑黑啤）。

伦 敦

伦敦地下水中高浓度的碳酸盐非常适合深色麦芽。其中饱含的钠离子使得著名的波特啤酒酒体圆润。

爱丁堡

爱丁堡的水中碳酸盐和硫酸盐的含量比伦敦的高。用这种水酿造啤酒时可以提升啤酒中的麦芽香，但酒花香很弱，甚至没有（比如苏格兰艾尔）。

都柏林

都柏林的水是世界上碳酸氢盐和钙离子浓度最高的水之一——这是地层中花岗岩、云母片岩和石英岩层层过滤的结果。然而水中碳酸盐的含量非常低，这会加深啤酒的颜色，并且使啤酒的口感变得收敛和干涩（例如干性世涛）。

特伦河畔伯顿

此处的硬水，富含钙离子和硫酸盐。这种水质会增加啤酒的苦味，比用伦敦水酿造的啤酒颜色更清澄，酒花味更浓郁（如英式苦啤或淡色艾尔）。

如今，酿酒师们会根据自己的需要来调整酿酒用水的矿物质结构。可以参考一些著名酿酒用水中矿物质的ppm值（1ppm=1毫克/升）

著名酿酒城市的水质结构表（单位：ppm）

城市	钙	镁	碳酸氢盐	硫酸盐	钠	氯化物	啤酒类型
皮尔森	10	3	3	4	3	4	皮尔森
多特蒙德	225	40	220	120	60	60	出口型拉格
慕尼黑	109	21	171	79	2	36	十月庆典啤酒
伦 敦	52	32	104	32	86	34	苦啤，波特
爱丁堡	100	18	160	105	20	45	苏格兰艾尔
伯 顿	352	24	320	820	44	16	IPA
都柏林	118	4	319	54	12	19	干性世涛

从味道开始，认识啤酒
误区8：啤酒中只有麦芽、啤酒花和水

以前，人们在啤酒中加入草药、花、水果、香料来抑制细菌繁殖，同时也给啤酒带来了各种奇妙的风味。

---

①

植物性原料

水果：浆果、樱桃、草莓、欧洲酸樱桃、覆盆子、柑橘类（橘子、柠檬和青柠）、杏、葡萄

辣椒：中美辣椒、墨西哥辣椒、橄榄

瓜类：南瓜

香料：肉桂、丁香、芫荽、肉豆蔻、香草、植物根茎、坚果、谷物

植物：接骨木花、箭叶橙叶子、鲜花、叶子、树皮、草药

啤酒的原料组成五花八门：有欧洲传统种植的水果，也有香辛料、草药，还有出人意料的添加物（如培根、生蚝）。有些原料纯粹是噱头。酿酒师们从不害怕尝试。是什么堵住了那些质疑者的嘴呢？是啤酒世界里不断涌现的创造力。

米酒

太妃糖

太妃糖

糖蜜
蔗糖

枫糖

玉米
糖浆

龙舌兰
糖浆

蜂蜜

1

2

— **2** —
动物性原料

培根、生蚝、螃蟹、肉

从味道开始，认识啤酒

误区9：啤酒只有5种颜色

不！啤酒不止5种颜色！只通过白啤、黄啤、琥珀啤酒、棕啤和黑啤来区分啤酒，远不足以涵盖啤酒所有的颜色。

啤酒的色谱跨度很大，就像油画家的调色板。从白色到深色，根据所选麦芽的不同，啤酒的颜色也会千变万化。

—————— 决定啤酒颜色的酿造参数 ——————

北美洲采用SRM（Standard Reference Method，标准参照法）标准。
欧洲采用EBC（European Brewing Convention，欧洲啤酒酿造协会）标准。

EBC = SRM × 1.97

SRM = EBC × 0.508

—— **EBC或SRM单位** ——

EBC已经发展了一套衡量啤酒颜色的体系。
用EBC作为颜色的单位：6 ~ 12 EBC为黄啤，
13 ~ 30 EBC为琥珀啤酒，60 EBC以上为黑啤。

这些EBC单位都有相应的色号。

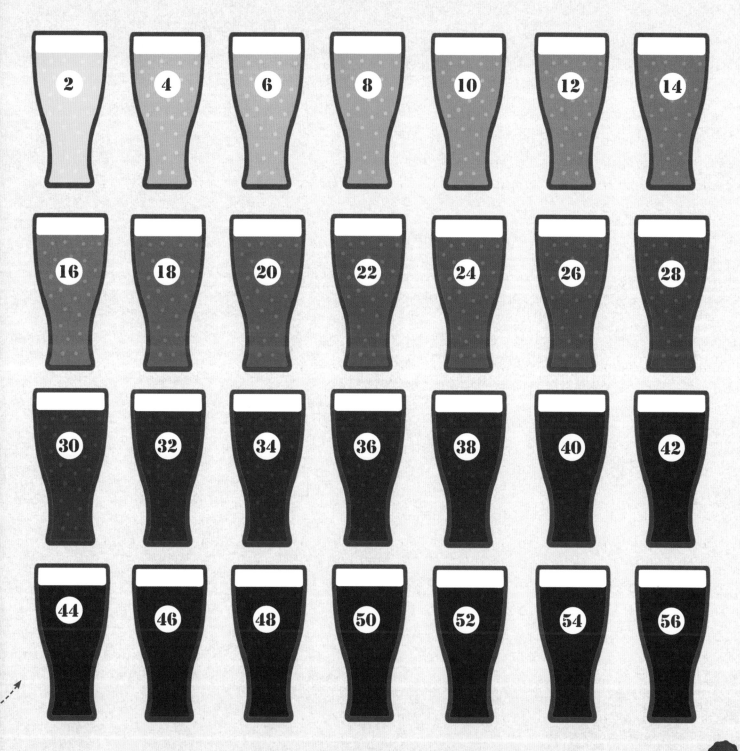

从味道开始，认识啤酒

误区10：所有的啤酒看起来都一样

如何识别普通的啤酒类型？根据啤酒的发酵方式、颜色、酒精度和苦度。

1

根据发酵方式划分的基本类型

·上层发酵·

艾尔

淡色艾尔、德式小麦、比利时白啤、小麦啤酒、IPA、琥珀啤酒、棕色艾尔、苏格兰艾尔、波特、世涛、大麦烈酒

·下层发酵·

拉格

皮尔森、Lapes Down、德式黑啤、波罗的海波特、三月啤酒

·自然发酵·

兰比克

兰比克、贵兹混酿、法柔、水果酸啤

·混合发酵·

弗兰德斯红啤
弗兰德斯棕啤

2

根据颜色划分的主要类型

·美式淡拉格·　·美式皮尔森·　·美式皮尔森·　·比利时烈性艾尔·　·五月博克·　·维也纳拉格·　·IPA·

·德式三月啤酒·　·琥珀艾尔·　·大麦烈酒·　·英式棕色艾尔·　·波罗的海波特·　·波特·　·爱尔兰世涛·

根据酒精度划分的主要类型

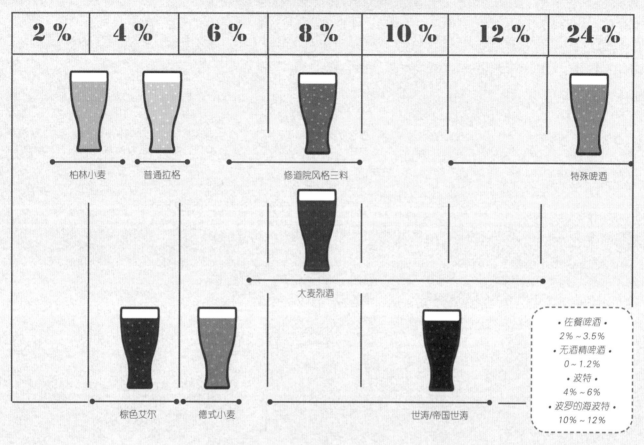

2 %	4 %	6 %	8 %	10 %	12 %	24 %

柏林小麦　普通拉格　　　修道院风格三料　　　　　　　　　　　　特殊啤酒

大麦烈酒

棕色艾尔　德式小麦　　　世涛/帝国世涛

- 佐餐啤酒 -
2% ~ 3.5%
- 无酒精啤酒 -
0 ~ 1.2%
- 波特 -
4% ~ 6%
- 波罗的海波特 -
10% ~ 12%

根据苦度划分的主要类型（IBU）

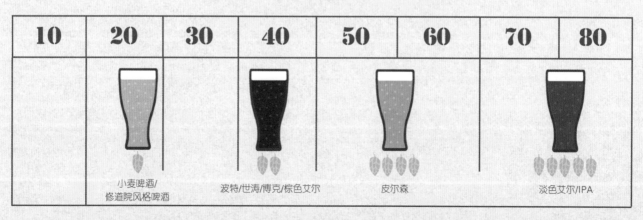

10	20	30	40	50	60	70	80

小麦啤酒/
修道院风格啤酒　　　波特/世涛/博克/棕色艾尔　　　皮尔森　　　　　　　　淡色艾尔/IPA

从味道开始，认识啤酒

误区11：啤酒的泡沫一点儿用处都没有

对它是爱还是恨？在下结论之前，我们先来聊一聊泡沫会不会影响啤酒的味道。

泡沫有什么作用？
泡沫可以防止啤酒被氧化。空气是啤酒的大敌。

啤酒二次发酵时自然产生或加压注入二氧化碳

哗……哗……

释放二氧化碳

气体溶解在气泡中

由蛋白质形成的泡沫保护了啤酒

啤酒的类型、侍酒方式不同或油脂的存在，可能导致啤酒中泡沫较少甚至没有泡沫。
而泡沫过多则可能是因为瓶中的气压、温度或装瓶发酵不好所致。

1

泡沫的颜色

泡沫的颜色会因啤酒种类的不同而不同。

| 白色 | 象牙色 | 蛋壳色 | 拿铁色 | 玫瑰色 | 咖啡色 |

泡沫的稠度

奶油状的、均匀同质的、精细的、薄的、稠密的、紧致的、点状的、丰富的、密集的……

泡沫的持续时间

泡沫的持续时间可分为：转瞬即逝、短暂、不久、稳定、持久……

② 泡沫很脆弱

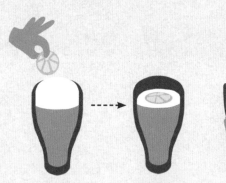

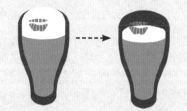

- 用水冲洗酒杯。

- 避免任何洗洁精或油脂残留，它们会导致泡沫快速消退。

- 注意柠檬片：柠檬会让泡沫在几秒内消失。

— 泡沫的味道 —

和啤酒的第一下接触，柔软、奶滑、丝绒般的感触。在唇上残留一圈泡沫"胡子"，好性感！

— 啤酒的蕾丝 —

随着每一口下肚，杯中酒面渐低，在杯壁上残留泡沫的痕迹——这是优质啤酒的证明。

---

③ 啤酒的泡沫文化各地不同

·英国·

英国桶装艾尔气体含量少，所以没什么泡沫。

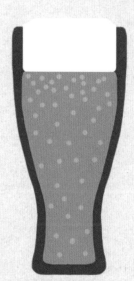

·法国·

泡沫深约3厘米。

·比利时·

稳定后泡沫深约2指。

·德国·

穹顶形状的泡沫，深度可达半杯。等泡沫消退后再继续注入啤酒。

35

从味道开始，认识啤酒

误区12：扎啤是最好的啤酒

所有人（包括熟知啤酒的行家）都对扎啤有着最美好的期待？其实不然。
因为每个批次的扎啤质量都会有所不同。

冲洗

压压

蛇形管 ②

气泵

冷水

压缩机

风扇

① 保养须知

啤酒 储存罐 市政供水管道

③ 储存瓶

气态二氧化碳

液态二氧化碳

扎啤机的工作原理

啤酒罐都是冷藏储存①，通过管子将打酒系统②与二氧化碳气瓶③相连，根据啤酒的类型设置扎啤机的压力和理想温度（参见82~83页），通常为2~5℃。

打酒的正确姿势

①

酒杯用清水冲洗，不要擦。

②

将酒杯倾斜45°，另一只手控制酒嘴。酒杯的倾斜角度会影响泡沫生成的好坏。

③

当酒杯中酒液半高（泡沫深度大约3厘米）时，将酒杯直立后再继续注入啤酒直到杯满，否则酒液会溢出来。酒嘴自始至终都不能接触酒杯。

注意

若分几次打开酒嘴倒酒或将酒杯放得过低，使得啤酒与空气接触，会导致泡沫过多或消失。

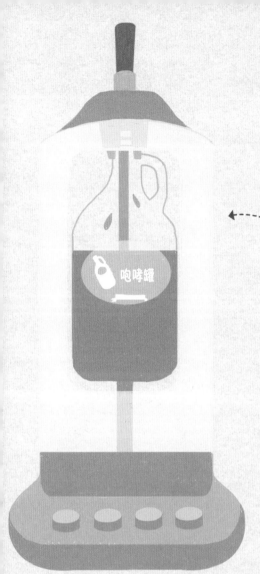

咆哮罐

加利福尼亚新发明的一套打酒设备，未来将会非常受欢迎：它能够将啤酒和二氧化碳储存在容量为2~5升的啤酒罐中。这是一种可以将散装啤酒外带回家的装置。但这套设备的价格为1 000~1 500欧元。这种啤酒罐一旦打开就需要赶紧喝光。同时也建议大家在使用之前检查啤酒罐是否干净。

家用扎啤设备

售价约为100~300欧元，这种设备可以安装的酒嘴数量有限。注意：这种设备不能像酒吧里的那样能够给啤酒加压。

带气压的酒桶

这种容量为2~6升的酒桶非常适合户外烧烤这样的场合，是罐装啤酒和瓶装啤酒很好的替代品。售价为20~30欧元，在超市中可占约4%的销售额。还配备有标准的便携式打酒装置，售价约50欧元。

从味道开始，认识啤酒

误区13：我们不能在红酒和啤酒中找到同样的味道

很难想象一杯啤酒会具有陈酿红酒的味道。然而，我们的精心推荐可能会给你一点小惊喜……

—— 4条优选法则 ——

如果你喜欢……那么你也会沉醉于……

• 白葡萄酒的酸味	• 啤酒中的酒花味
• 红葡萄酒中浓郁而丰富的单宁酸	• 啤酒中丰富的烘烤麦芽味
• 在橡木桶中发酵的红葡萄酒	• 在木桶中发酵的啤酒
• 新鲜的玫瑰葡萄酒	• IPA啤酒

相同之处：
烘烤香与红肉、炖菜
是和谐的搭配。

赤霞珠   世涛/黑色IPA

相同之处：
迷人的苦味中带着一丝香甜。

夏敦妮   有蜂蜜香味的小麦拉格

相同之处：
成熟香蕉的味道及矿物色调。

加美    深色德式小麦

相同之处：
我们能够体验到可可、红色水果、胡椒和李子的混合香味。

歌海娜    覆盆子世涛

相同之处：
它们都具有香辛料味、甜味和水果香。

琼瑶浆    荔枝IPA/热带水果IPA

相同之处：
红色水果的香气和果木的香辛味。

马贝克 —— 比利时双料

相同之处：
红色水果和烟草迷人的香味。

梅洛 —— 世涛

相同之处：
都是迷人的入门酒款，有浓郁的花香，酒体轻盈。

黑皮诺 —— 淡色艾尔

相同之处：
清新、柔软、甜度适中。

雷司令 —— 捷克皮尔森

相同之处：
红色水果的香辛味和果香。

西拉 —— 波特

相同之处：
浓郁而偏酸的果香，是精选之作。

维欧尼 —— 比利时三料

相同之处：
柠檬清香及些微酸味。

沃莱白葡萄酒 —— 德式小麦

当然还可以咨询卖啤酒的商店。

（详见60~61页）

从味道开始，认识啤酒
误区14：啤酒配菜没什么讲究

每种啤酒都有最适合搭配的食物。如何为啤酒搭配食物？我们来分享一些方法：根据食物和啤酒的颜色匹配；一些和葡萄酒搭配很不和谐的食物可以搭配啤酒。以下是一些经典组合实例。

头盘，主菜；
鱼/壳类海鲜, 白肉/
红肉，甜品和奶酪

肋排：棕色艾尔、琥珀艾尔

烤猪肉：淡色艾尔、
红色艾尔、琥珀艾尔

1

色谱
根据颜色进行搭配

生火腿：黄色烈性艾尔
烟熏火腿：烟熏啤酒
熟火腿：棕色艾尔、琥珀焦
糖色艾尔、世涛

猪脚：棕色艾尔、
琥珀焦糖色艾尔

猪肉肠：世涛、
波特、烟熏啤酒

2

不同部位的猪肉如何搭配啤酒

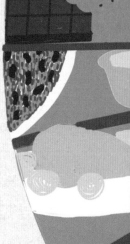

3

一些食物和红酒不好搭配，和啤酒却是完美的组合

韭葱 =
偏干偏酸的啤酒、燕
麦小麦啤酒

菊苣 =
小麦啤酒、偏甜的
琥珀啤酒

芦笋 = 苦啤

鸡蛋 =
皮尔森、黄色拉格

洛克福羊乳奶酪 =
IPA、烘烤型麦芽啤酒

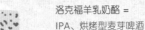

生菜 =
皮尔森、塞松、
焦糖色啤酒

大黄 =
燕麦啤酒

黑色拉格/烟熏波特/波罗的海
波特/黑色IPA

小麦啤酒/德式小麦/比利时白啤/高斯

棕色清啤/世涛/
大麦烈酒/黑啤

樱桃啤酒/棕啤

皮尔森/塞松/兰比克/勇盐威廉/淡色艾尔啤/修道啤/烈性黄啤/青瓷淡啤三棱啤酒/

IPA/棕色艾尔/艾尔和拉格/
琥珀/烟熏/琥珀艾尔/焦糖味啤酒

从味道开始，认识啤酒

误区15：啤酒不适合佐餐

浓郁醇香的啤酒与精致美味的菜品，万千组合，任君挑选。

15种推荐组合

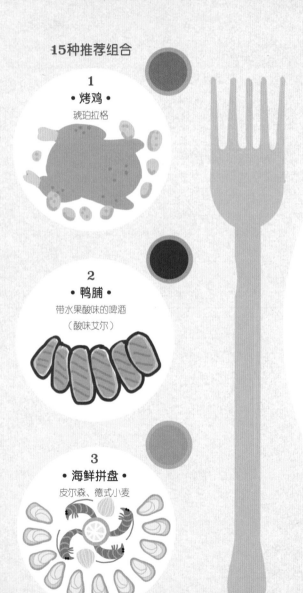

1
• 烤鸡 •
琥珀拉格

2
• 鸭脯 •
带水果酸味的啤酒
（酸味艾尔）

3
• 海鲜拼盘 •
皮尔森、德式小麦

4
• 炖小牛肉 •
兰比克、德式小麦

Tip 1:
跟着自己的感觉走。但不要把辛辣的菜品搭配清淡的啤酒，或浓烈的啤酒搭配口味细腻的菜品。浓郁的味道总会压制住清爽的味道。

Tip 2:
在质感和味道之间找到平衡。

Tip 3:
随意搭配来试试看！

5
· 煎牛排 ·
皮尔森、琥珀艾尔

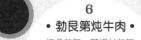
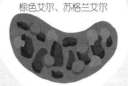

6
· 勃艮第炖牛肉 ·
棕色艾尔、苏格兰艾尔

7
· 蔬菜牛肉汤 ·
波特、世涛

8
· 中东小米饭 ·
IPA

9
· 腌酸菜 ·
皮尔森、烟熏拉格

10
· 奶油焗土豆 ·
皮尔森、酒花香味重的拉格

11
· 博洛尼亚肉酱面 ·
棕色艾尔、IPA

12
· 肉馅土豆饼 ·
棕色艾尔、IPA

13
· 意式千层面 ·
棕色艾尔

14
· 西班牙海鲜饭 ·
皮尔森

15
· 法式什锦锅 ·
重酒花味艾尔、淡色艾尔/IPA

———— 一顿饭如何搭配啤酒？————

Tip：从最柔和清淡的一款啤酒开始，以最浓烈的一款啤酒结束。每道菜在选择搭配的啤酒时，遵循两个原则：口味均衡；口味有所对比、互相衬托。

山羊奶酪沙拉+小麦啤酒

炸鱼+偏甜的黄色艾尔

厚切牛排+苏格兰艾尔

洛克福羊乳奶酪+
波罗的海波特

巧克力慕斯+
酸樱桃啤酒

意大利人吃比萨的时候，会搭配口感爽脆的黄啤、黄色拉格或皮尔森。

从味道开始，认识啤酒

误区16：啤酒跟奶酪完全不搭

自新石器时代人类农业开始发展后，人类最古老的两种发酵类食品——奶酪和啤酒就结伴登场：一种是固态的，充满油脂，咸味；一种是液态的，冒着气泡，可酸可甜可苦。

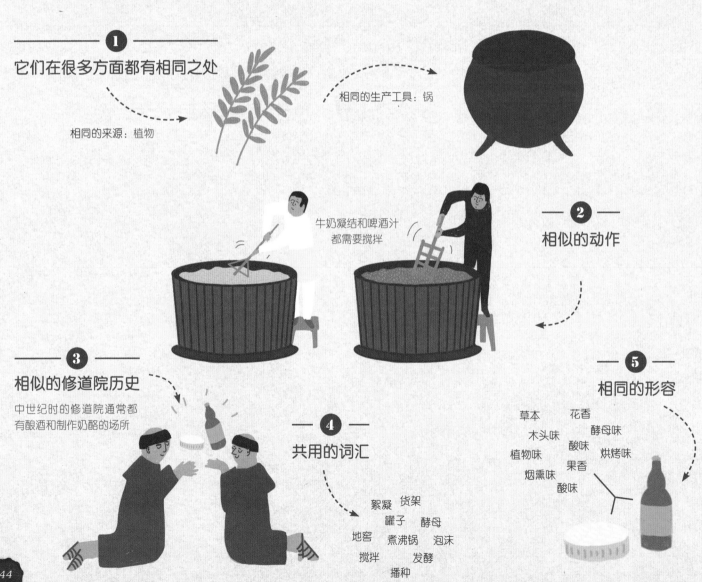

1
它们在很多方面都有相同之处

相同的来源：植物

相同的生产工具：锅

牛奶凝结和啤酒汁都需要搅拌

2
相似的动作

3
相似的修道院历史
中世纪时的修道院通常都有酿酒和制作奶酪的场所

4
共用的词汇

絮凝　货架
罐子　酵母
地窖　煮沸锅　泡沫
搅拌　发酵
播种

5
相同的形容

草本　花香
木头味　酵母味
植物味　酸味　烘烤味
烟熏味　果香
酸味

浓味的蓝纹奶酪？
啤酒花香浓重的IPA。

三倍奶油奶酪？
水果香啤酒。

卡门贝干酪？
酸味啤酒。

老豪达奶酪？
陈年半软荷兰干酪？
帝国世涛。

马苏里拉和布拉塔
鲜奶酪？小麦啤酒
和黑色小麦酒。

—— ❼ ——
法国某些地区的啤酒和奶酪组合

多菲内：
圣马瑟兰核桃仁奶酪+
多菲内精酿的棕色艾尔

阿维龙省：
洛克福羊乳奶酪+卡森纳赫
得农场精酿坊棕啤

阿尔萨斯大区：
蒙斯特奶酪+有水果苦
味的琥珀艾尔（圣克吕
安啤酒厂的致命红色）

弗朗什－孔泰大区：
18个月的陈奶酪+烟熏淡啤
（鲁日·德·李尔啤酒厂
的Vieux Tuyé 烟熏啤酒）

北部－加来海峡大区：
马卢瓦耶干酪+三料啤酒
（圣日耳曼啤酒厂的希尔
德加德黄啤）

卢瓦尔河大区：
蒙特布里森圆柱干酪+带
焦糖香的琥珀艾尔（卢
瓦尔河啤酒厂的109号）

奶酪种类	奶酪名称	搭配的啤酒
鲜奶酪或白奶酪	普罗旺斯白干酪、枫丹白露奶酪 鲜山羊奶酪	蜂蜜味啤酒、水果味啤酒 小麦啤酒
白霉软酪	卡门贝奶酪 布里奶酪	酸味啤酒（兰比克或贵兹混酿）、酸味小麦啤酒 烟熏棕啤
洗浸奶酪	艾波斯奶酪 蒙斯特奶酪	世涛
硬质成熟干酪	孔泰干酪 瑞士大孔干酪	琥珀拉格、烟熏啤酒 皮尔森
半熟干酪	康塔勒甜干酪 瑞布罗申干酪	小麦啤酒 IPA
蓝纹奶酪	奥弗涅蓝纹奶酪 洛克福羊乳奶酪	甜味烈性艾尔 波罗的海波特、大麦烈酒

啤酒和奶酪的搭配手册

啤酒不应压过奶酪，奶酪也不要压过啤酒。最理
想的状态是啤酒和奶酪互相衬托。喝一小口啤
酒，再咬一小块奶酪。先让柔和的奶酪与甜蜜的
啤酒融合，再让浓郁的奶酪和浓烈的啤酒碰撞，
最后用蓝纹奶酪和高甜度的烈性啤酒收官。

从味道开始，认识啤酒

误区17：啤酒跟烹饪没什么关系

说出来可能让你大吃一惊：得益于多样的原料、丰富的质感和多姿多彩的风味，啤酒是厨房里的好作料。啤酒能够带来谷物的甜味、酵母的轻盈、烤麦芽的醇香、啤酒花和烤麦芽的苦味以及浓郁的酸味。任何利用啤酒入馔的秘诀都是：均衡。

❶ 用啤酒进行烹饪的优势

啤酒能够为一些面食化解腻感（如煎蛋饼、华夫饼、蛋糕、油炸甜甜圈）

酵母 + 气泡 = 清爽

甜品和油炸面团类

· 蔬菜天妇罗 ·

面糊：面粉+玉米粉+淡色拉格

配方关键：不要过度搅拌面糊。蔬菜蘸取薄薄一层面糊，然后蘸油。

· 炸鱼薯条 ·

面糊：面粉+盐+棕色啤酒

配方关键：将腌渍过的鱼柳蘸取面糊，然后放入油锅。

· 可丽饼 ·

可选用的啤酒：有酵母沉淀的小麦啤酒

制作关键：一半啤酒，一半水，不加牛奶。

· 啤酒面包 ·

可选用的啤酒：有酵母沉淀的啤酒

配方关键：面粉+盐+水+啤酒，用自制天然酵母。

酱汁和腌泡汁

· 烧烤酱 ·

酱油+芥末+糖+蜂蜜+世涛

加热熬成酱汁。

· 肉/蔬菜酱 ·

酱油+碎橙皮+焦糖色啤酒+糖+橙汁

熬至浓缩。

· 萨芭雍（白鱼）·

小麦啤酒+糖+胡椒粉+柠檬汁

混合柠檬汁和啤酒，隔水加热，一边加热一边搅拌至发泡。

· 腌鱼 ·

IPA啤酒+柑橘类水果腌制生鱼

烟熏啤酒+柑橘类水果腌制烟熏鱼肉

· 碳烤酱汁 ·

用带有香草味和蜂蜜香味的琥珀艾尔或棕色艾尔来制作烧烤酱，用来烤猪肉、鱼肉、肋排、鸡肉……

> ## 啤酒和肉
>
> 啤酒能够给炖肉带来特殊的风味，并且有解腻的功效。
>
> 烹制白肉或家禽时，带焦糖香味的啤酒能够让肉质变得柔软鲜嫩。

❷

厨房小贴士

· 啤酒油醋汁 ·

用啤酒自制油醋汁！

用弗兰德斯红色艾尔、兰比克樱桃啤酒或烟熏啤酒代替香醋。

· 啤酒焦糖 ·

用啤酒制作可丽饼的糖浆！

可选啤酒：棕色巧克力味啤酒

焦糖熬煮成金色时，加入黄油、奶油和啤酒，再用小火熬煮，不断搅拌。

· 樱桃啤酒冰沙 ·

自制冰沙！

将水、糖浆和啤酒混合均匀，在冰箱里冷冻3小时。取出冰块，制成冰沙，在2小时内搭配黑啤食用。

❸

用啤酒制作传统菜肴

· 啤酒贻贝 ·

可选啤酒：好几款啤酒都让人灵感勃发！选择：小麦或琥珀拉格啤酒。

配方关键：准备底料（洋葱、葱）时加入啤酒，3分钟之后再加入其他材料（调味料、香草、柑橘、奶酪等）。

放入贻贝，盖上盖子。

· 啤酒德国酸菜 ·

可选啤酒：皮尔森

配方关键：将蔬菜、肉（包括香肠）和调味料浸泡在啤酒中。

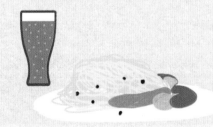

· 啤酒烧兔肉 ·

可选啤酒：金色三料

配方关键：在容器中加入啤酒和香草，再将兔肉放入容器中腌制。

从选择开始，购买和品尝啤酒

②

幸好，酒标是强制要求的。因为酒瓶上贴着的酒标可以让人对这瓶酒的情况一目了然。

—— 注 意 ——

误导性的标签。比如："蒙彼利埃出品""马赛出品"或"鲁昂出品"，很有可能是在德国酿造的。

* 详见100～101页。

强制性信息
授权性信息

啤酒名称、啤酒类型

最佳饮用日期
此日期前饮用最佳

原料表
（无酒精啤酒和勾兑果汁的
啤酒必须列原料表）

过敏源列表

绿色标志
生态组织、生态包装
和可回收的标志

建议
关于饮用、
保存和陈化

商标/名称
啤酒厂的信息和产地

名称
公司名称，
生产或装瓶
地址

酒精度

孕妇忌用的标志

净含量

欧盟产品包装代码
前两位数字为签发部门。后三位数字为全国统计及经济研究
所制定的城市代码。如果是两个专业酿酒师合作的，以字母
ABC来进行补充。

条形码
前3个数字标示
啤酒的生产/装瓶
国家
法国：300～379
比利时、卢森堡：
540～549
德国：400～440

BIÈRE BLONDE
AU FROMENT

LA CERVOISE
DES VIKINGS
ALC.
5% VOL.
lacervoisedesvikings.fr
VOL.
75 CL

LA CERVOISE
DES VIKINGS
SAVEURS
Herbacée / Papaye / Mangue / Banane
ACCORDS
Fruits de mer / Sushi / Fromage à croûte lavée
INGRÉDIENTS
Eau / Malt / Orge / Froment / Houblon / Épices
MALT : 100% Malt de Normandie
HOUBLON : Cascade de Normandie
À consommer de préférence avant : Décembre 2017
Brassée et embouteillée en Normandie
FR
34-200-08
CE
AMERTUME   TEMP : 4C°-8C°   Vieil.
12 MOIS
3 401312 345624
Conserver
debout
Déguster en
verser tulipe

53

从选择开始，购买和品尝啤酒

误区19：法国不是一个生产啤酒的国家

法国本地的啤酒厂遍布全国，根据2015年的统计，共有715家啤酒厂。

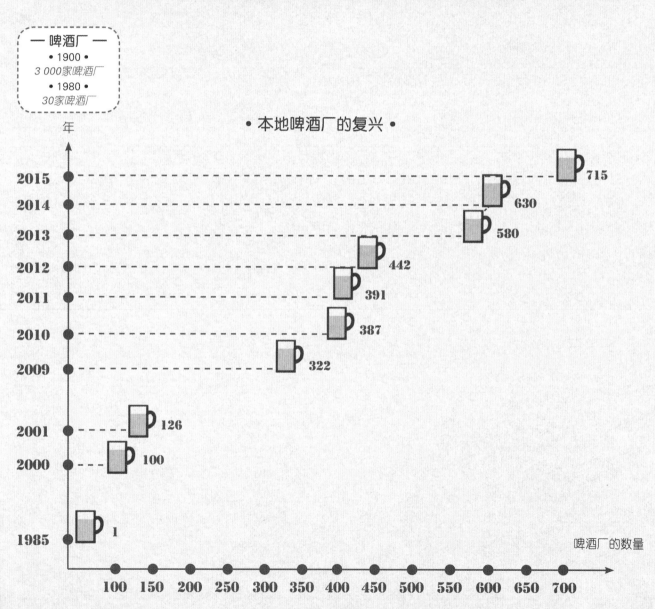

— 啤酒厂 —
• 1900 •
3 000家啤酒厂
• 1980 •
30家啤酒厂

• 本地啤酒厂的复兴 •

年

2015 ┄┄┄┄┄┄┄┄┄┄┄┄┄┄┄┄┄┄┄┄┄┄┄┄┄ 715
2014 ┄┄┄┄┄┄┄┄┄┄┄┄┄┄┄┄┄┄┄┄ 630
2013 ┄┄┄┄┄┄┄┄┄┄┄┄┄┄┄┄┄┄ 580
2012 ┄┄┄┄┄┄┄┄┄┄┄┄ 442
2011 ┄┄┄┄┄┄┄┄┄ 391
2010 ┄┄┄┄┄┄┄┄┄ 387
2009 ┄┄┄┄┄┄┄ 322

2001 ┄┄┄ 126
2000 ┄┄ 100

1985 1

啤酒厂的数量

100 150 200 250 300 350 400 450 500 550 600 650 700

这700多家当地啤酒厂所酿造的啤酒类型

皮尔森：皮尔森（安纳西的麦芽艺术啤酒厂）
小麦啤酒：雪崩酒（瓦卢瓦尔的加利比耶酿酒厂）
白啤、世涛和淡色艾尔：巴黎的BAPBAP酒厂
波特：古赫姆波特（勒瓦卢瓦－佩雷的大巴黎啤酒厂）

法国的海外省和海外领地
17家

法兰西岛
－40家－

法国东北部
－149家－

阿尔萨斯大区：45家
勃艮第地区：20家
香槟－阿登大区：18家
弗朗什－孔泰大区：28家
洛林大区：38家
北部－加来海峡大区：45家
皮卡第大区：9家

法国西北部
－188家－

布列塔尼大区：60家
中央地区：30家
诺曼底地区：16家
卢瓦尔河大区：28家

法国东南部
－221家－

奥弗涅大区：42家
科西嘉岛：4家
朗格多克－鲁西永大区：35家
普罗旺斯－阿尔卑斯－蔚蓝海
岸大区：30家
罗讷－阿尔卑斯大区：110家

法国西南部
－115家－

阿基坦大区：37家
利穆赞地区：15家
南部－比利牛斯大区：48家
普瓦图－夏朗德大区：15家

双料IPA：多尔多涅河谷（屈雷蒙特的科雷兹啤酒厂）
波罗的海波特：腊肠狗（德龙省的豪特·比埃什啤酒厂）
红啤：菲洛米娜红啤（特雷吉耶镇的菲洛米娜啤酒厂）
蜂蜜啤酒：和谐蜂蜜（斯特拉斯堡的本道夫啤酒厂）
无糖水果啤酒：酸樱桃（汶拉省的鲁日·德·李尔啤酒厂）

从选择开始，购买和品尝啤酒

误区20：修道院啤酒是最好的

注意：与大部分酒标上标注的内容相反，实际上没有多少啤酒真正是由修道士酿造的。

 1

修道院啤酒？

修道院啤酒是由熙笃会修道士（全世界一共有169家修道院）酿造的。熙笃会修道士严格按照圣本笃的章程生活，特别奉行"祈祷和劳作"的箴言。

阿门

圣经

AUTHENTIC TRAPPIST PRODUCT

只有11个品牌的啤酒有"修道院认证生产"的标签（利口酒和奶酪也一样）。

授权条件

• 修道院啤酒必须在修道院内或在修道院附近生产。

• 啤酒必须在熙笃会修道士的监督下进行酿制和销售。

• 啤酒销售所获得的利润需用于维持修道院的日常消费和运营，以及教区的慈善公益。

2

修道院啤酒

啤酒厂的名字/建立日期/年产量（百升）

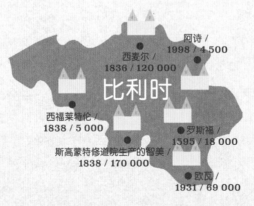

美国

圣约瑟夫·史宾塞 /
2013 / 4 700

比利时

阿诗 /
1998 / 4 500

西麦尔 /
1836 / 120 000

西福莱特伦 /
1838 / 5 000

斯高蒙特修道院生产的智美 /
1838 / 170 000

罗斯福 /
1595 / 18 000

欧瓦 /
1931 / 69 000

荷兰

玛丽亚·托夫勒克特 /
2014

科宁绍文 /
1884 / 145 000

译者注：修道院啤酒也可称为特拉普认证啤酒（Trappist Beer）。

❸ 修道院风格啤酒?

这个非商标性的词是指广义上的修道院啤酒：大部分修道院风格啤酒都不是在修道院中酿制的！修道院风格啤酒指的是类似于修道院啤酒的啤酒。

—— 认证条件 ——

- "比利时修道院风格啤酒"有自己的标志，由比利时酿酒商联盟授权。
- 标示着由现存或曾经的修道院授权酿造的啤酒。
- 修道院或慈善机构名下的酿酒厂。
- 修道院或不以营利为目的的机构。

仅在修道院内酿造：欧贝勒的上帝之谷修道院啤酒，年产量750 000升。

• 其中：
市面上约有30种修道院啤酒没有经过比利时修道院的认证。

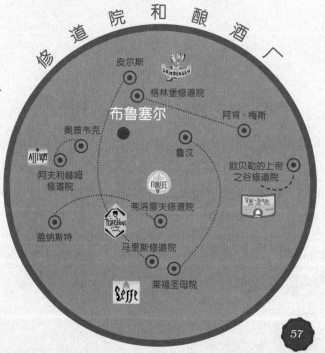

修 道 院 和 酿 酒 厂

皮尔斯
GRIMBERGEN
格林堡修道院
布鲁塞尔
阿肯·梅斯
奥普韦克
Affliger
鲁汶
欧贝勒的上帝之谷修道院
阿夫利赫姆修道院
FLOREFFE
Val-dieu
弗洛雷夫修道院
naredsou
盖纳斯特
马里斯修道院
Leffe
莱福圣母院

布鲁塞尔

比利时

+意大利
三泉 / 2015 / 1 000

从选择开始，购买和品尝啤酒

误区21：啤酒的风格都源自比利时

现代啤酒风格的缘起：欧洲三个啤酒产区的文化传承

① 英国和爱尔兰

—— 烘烤艾尔 ——
这些啤酒是用烘烤过的黑麦芽酿造的。

- **波特**
  上层发酵的英式啤酒，黑色，啤酒花味道重。

- **世涛**
  烈性波特

- **帝国世涛**
  18世纪时为沙皇俄国宫廷酿制。

- **红色艾尔**
  圣诞节前后酿制。

- **苏格兰艾尔**
  源于苏格兰，颜色深，风味浓郁。

- **生蚝世涛**
  加入了生蚝。

—— 清澈的艾尔 ——
具有传统性和全民性的优选啤酒，最初是没有啤酒花香的。

- **苦啤，淡味啤酒**
  黄铜色，酒花味重

- **IPA**

- **大麦烈酒**
  大麦酒

- **棕色艾尔**
  深棕色或黄铜色，味甜

- **淡色艾尔**
  淡琥珀色

1490家酿酒厂

多种啤酒风格的诞生地：苦啤、淡色艾尔、IPA、世涛、波特、大麦烈酒、苏格兰艾尔……

—— 修道院啤酒 ——
2015年认证的11家修道院啤酒厂有6家在比利时：智美、欧瓦、罗斯福、西福莱特伦、西麦尔和阿诗。

—— 三料啤酒 ——
之所以称为"三料"，是因为这种啤酒的酒精含量是普通啤酒的三倍。

> 终极四料：
> 酒精度超过10%。

160家酿酒厂

比利时、英国和德国为"啤酒三巨头"，对啤酒风格的产生有重要作用。

② 比利时

—— 自然发酵酿造啤酒 ——
这种啤酒不添加酵母：酒液是由空气中的野生酵母发酵而成的。

- **兰比克**
  木桶发酵1~3年。

- **兰比克水果酒**
  （樱桃啤酒）
  布鲁塞尔啤酒通过将酸樱桃浸泡在贵兹啤酒中以获得甜味。
  （注意：不要将这种啤酒和添加了水果来调味的啤酒搞混。）

- **贵兹混酿**
  由各种不同年份的兰比克混合而成。

- **法柔**
  由各种年份的兰比克混合并添加焦糖制作而成。

农场艾尔

在秋冬收获季节，用当季的农作物酿造。到了夏天，农场的工人在烈日下工作时就可以享用这种啤酒了。

法国人管这种啤酒叫"biere de Garde"，意为"看管的啤酒"。其实和农场艾尔是同一种啤酒，在冬天酿造，然后"看管"着，保存到夏天农田劳作的时候饮用。

小麦啤酒：德式小麦或白啤

小麦啤酒有多种变体，都是混合大麦和小麦芽酿制的。

小麦啤酒
有沉淀的啤酒。

德式小麦
经过过滤的啤酒。

德式小麦博克
烈性的德式小麦啤酒。

柏林小麦啤酒
使用乳酸菌发酵而成。

深色小麦啤酒
深色的小麦啤酒。

小麦白啤

一款小麦白啤中的关键原料包括：大麦、没有芽化的小麦、苦橙皮和芫荽籽。

修道院风格啤酒

这个非常盛行的名称，涵盖了多种不同种类的啤酒，类似于中世纪时的修道院啤酒。

其实修道院风格啤酒与修道院本身没有关系。许多用来给啤酒命名的修道院已经不复存在，而对于那些修道院是否确实存在也有各种争议。唯一真正在修道院内酿造的啤酒是"上帝之谷"。

古法黑啤

古法黑啤：上层发酵，相对于下层发酵这种"年轻"的发酵风格，是一种相对古老的发酵方法。

• 古法黑啤 •
杜塞尔多夫棕色艾尔，低温下窖藏可以保存很长时间。

• 科隆啤酒 •
颜色非常淡的拉格，酒花香浓，二氧化碳含量很少。

1349家
酿酒厂

这个国家酿制了很多以地名命名的啤酒，发展出地区性的啤酒风格，酿酒厂集中在弗兰肯地区。

从20世纪90年代开始建立了多家精酿啤酒厂。

弗兰德斯
红啤和棕啤

• 弗兰德斯红啤 •
一种红色的酸味啤酒，混合了陈年及新酿的啤酒。

• 弗兰德斯棕啤 •
（陈年棕啤）：陈年的棕色啤酒，味酸，麦芽香味浓。

下层发酵的拉格

• 拉格 •
德语中"存放"的意思。

• 多特蒙德 •
淡色拉格。

• 三月清啤 •
每年3月酿造。

• 皮尔森 •
1842年在皮尔森酿制出第一桶金色啤酒。

• 德式烟熏啤酒 •
在低温下能长时间窖藏的棕色艾尔啤酒。

• 深色博克 •
暗色拉格。

• 双料博克 •
烈性拉格。

❸
德 国

从选择开始，购买和品尝啤酒

误区22：酒柜都是为专业人士准备的

酒柜并不是专为专家设置的，恰恰相反，对于普通的啤酒爱好者来说，一个好的酒柜是很棒的装备，值得你去寻找！

这三个问题足以测试一个人——对啤酒的了解——

如果店家不能给你满意的答案，赶紧换地方。

啤酒达人首先要能为客户提供咨询服务，然后才能完美地完成销售。客户在购买时，销售一定要使其对啤酒本身感到满意，在回答啤酒相关的问题时，不能夸大其词，要用激情感染客户。

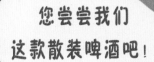

您尝尝我们
这款散装啤酒吧！

咆哮罐

需要注意的细节

分类

没有特别具体的标识。

比较好的分类是：根据啤酒的产地和品牌按瓶分类码放。但酒商也会根据啤酒种类进行调整。

不管是犹豫不决的"菜鸟"，还是内行买家，都能挑到令人满意的啤酒，尤其是新上市的新款啤酒。

加分项：酒柜犹如在书店中一样。

减分项：摆放无序、混乱。

LA CAVE À BIÈRES

1 PACK ACHETÉ 1 PACK OFFERT

LA BIÈRE DU MO 25CL/ 50CL/ 1 MORCEA DE GOUD +UNE 33 →7,5

── 销售价格 ──

这是个很棘手的问题：多逛几个酒馆，就能建立自己的价格表了。

购买的价格可能在1～40欧元，跨度较大。

当然，热情的服务、宝贵的建议等也值得一个好价钱。

自己做决定吧！

── 存储 ──

关注一些细节，这些都是能够判断商家优秀与否的标志。

要注意货架上的瓶子是否有灰尘，如果有，说明货存时间长。

如果直接将酒瓶置于阳光下或热源附近，那就别犹豫了，这地方忒不靠谱！

一个好的酒商一定会把酒花风味浓的啤酒冷藏保存，这种啤酒冷藏保存较好。

从选择开始，购买和品尝啤酒

误区23：一瓶啤酒而已，贵不到哪里去

通常啤酒是一种大家都能负担得起的饮品，但世界上仍有一些相对来说犹如天价的啤酒。

• 太空大麦酒 •

由日本札幌市的札幌酿酒厂酿制。黄色，酒精度为5.5%。6瓶装售价55欧元。2008年夏季一共售出100升。

这款酒是用2006年在国际空间站培育的大麦来酿制的。

• 图坦卡门艾尔 •

黄色，酒精度为6%。500毫升瓶装，售价70欧元。

这个系列的第一瓶啤酒售价超过7000欧元。这款啤酒据说是根据古埃及奈费尔提蒂王后的古法配方酿制。

• 乌托邦 •

由美国波士顿的塞缪尔·亚当斯酿酒厂酿制。美国烈性艾尔，酒精度为28%。750毫升瓶装，售价140欧元，已售出15 000瓶。

2002年起每两年发售一批，在白兰地、波本或苏格兰威士忌的酒桶中发酵。

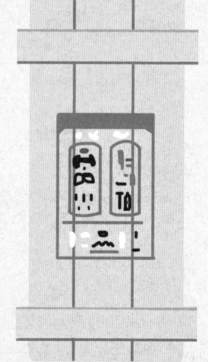

• 弗兰德斯香槟啤酒 •

由比利时布根豪特的波斯提尔酿酒厂酿制。黄色，酒精度为11.5%。750毫升瓶装，售价18欧元。

在比利时酿制、装瓶，然后在法国利用香槟制作工艺进行二次发酵。美味、广受称赞。

· 击沉俾斯麦 ·

由苏格兰弗雷泽堡的酿酒狗酒厂酿制。四料IPA，酒精度为41%。
375毫升瓶装，售价55欧元。

这款神奇的啤酒于2010年推出，由苏格兰人酿造，所以在啤酒花的苦度上他们可是一点也不含糊。

· 少世博57 ·

由德国贡岑豪森－上阿斯巴赫的绍施堡酿酒厂配制。冰馏博克，酒精度为57.5%。
原为330毫升装，2012年改为360毫升装。售价为250欧元。

这款啤酒的酒精度被德国啤酒业认定为"世界上最高的酒精度"。

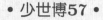

· 雅各布森1号 ·

由丹麦哥本哈根的嘉士伯酿酒厂酿制。大麦烈酒，酒精度为10.5%。
375毫升装，售价350欧元。

2008年共售出600瓶。自1847年起，此酒先是在岩洞中完成酿制，再转移到法国和瑞典的橡木桶中储存6个月。

· 历史终结者 ·

由苏格兰弗雷泽堡的酿酒狗酒厂酿制。黄色，酒精度为55%。

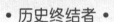

每瓶330毫升，12瓶售价590欧元。2010年推出的啤酒，每瓶售价830欧元。

这是一种高酒精度的啤酒，酒瓶装在死亡的白鼬或松鼠身体里：酒如其名。

· 南极洲尼尔艾尔 ·

由澳大利亚珀斯的尼尔酿酒公司酿制。淡色艾尔，酒精度为5.2%。
500毫升售价为575～1 330欧元（2010年两瓶瓶装啤酒的拍卖价格）。

这款啤酒酿制时用的水源自一块南极冰块。

· 美味援助 ·

由比利时匹卢维兹的高丽雅酒厂酿制。修道院风格金色啤酒，酒精度为8%。
12升瓶装，售价970欧元。

窖存10年以上。

── 世界上最便宜的 ──
啤酒?

下面是在5个国家中平均1品脱（约568毫升）啤酒的最低价格：

乌克兰：0.54欧元
越南：0.54欧元
柬埔寨：0.62欧元
捷克：0.65欧元
中国：0.68欧元

资料来源：Numbea.com

从选择开始，购买和品尝啤酒

误区24：世界各地的畅销啤酒差异很大

分割世界啤酒市场这块"蛋糕"的是那些大型的商业集团。

每个国家最受欢迎的啤酒都可以在当地的酒吧中找到。安海斯－布希英博集团（根据啤酒生产量推算出的世界上最大的啤酒集团）拥有美国、加拿大、巴西、墨西哥等国家最畅销的啤酒。英国南非米勒集团则在南非、厄瓜多尔、秘鲁等地"占山为王"。

① 每个国家最流行的啤酒

资料来源：Vinepaire.com，欧洲商情市场调研公司2014年商业数据。
（*）根据市场占有率。

译者注：安海斯－布希英博是比利时英博与美国安海斯－布希合并而来的，后与巴西合资。安海斯－布希英博于2016年收购了南非米勒。

64

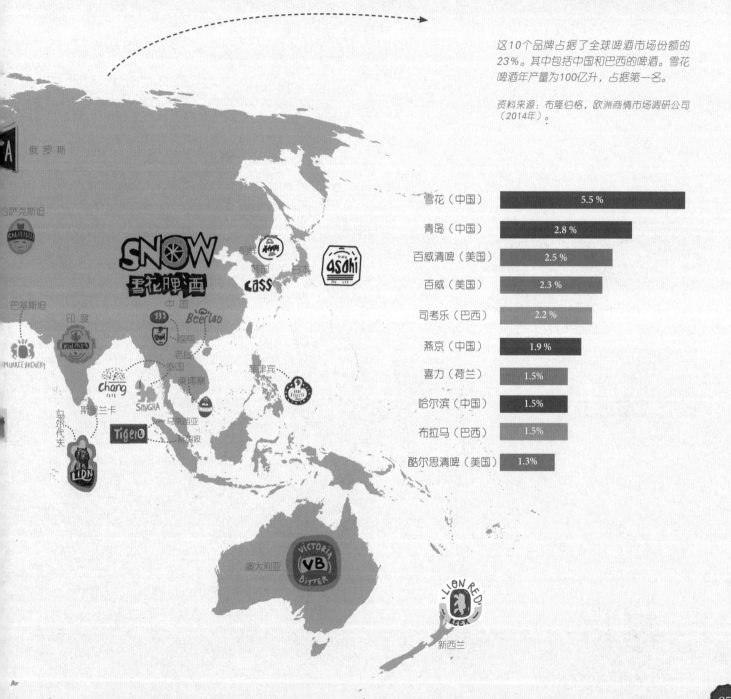

世界上销售最多的10种啤酒

这10个品牌占据了全球啤酒市场份额的
23％。其中包括中国和巴西的啤酒。雪花
啤酒年产量为100亿升，占据第一名。

*资料来源：布隆伯格，欧洲商情市场调研公司
（2014年）。*

品牌	市场份额
雪花（中国）	5.5％
青岛（中国）	2.8％
百威清啤（美国）	2.5％
百威（美国）	2.3％
司考乐（巴西）	2.2％
燕京（中国）	1.9％
喜力（荷兰）	1.5％
哈尔滨（中国）	1.5％
布拉马（巴西）	1.5％
酷尔思清啤（美国）	1.3％

俄罗斯

哈萨克斯坦

巴基斯坦

印度

中国

朝鲜
韩国
日本

越南
老挝

泰国
柬埔寨

菲律宾

斯里兰卡

乌尔代夫

马来西亚

新加坡

澳大利亚

新西兰

世涛是一种酒精度很低、很"水"的啤酒，不过是酒体颜色给人一种浓重的印象。

— 18世纪 —

• 诞生于伦敦 •

世涛属于加强版的波特。"stout"这个词表示更强烈、更浓郁，但其实颜色也就那样，没法儿更重了。

波特啤酒，棕色，是18世纪时伦敦最流行的啤酒。18世纪末，原本表示加强版波特的"世涛波特"逐渐被简称为"世涛"。

— 19世纪 —

• 在爱尔兰的发展史 •

1755年：亚瑟·健力士酿制出红啤酒。
1778年：健力士酿制出第一款波特。
1817—1818年：丹尼尔·惠勒发明了黑色麦芽。

S=普通世涛；SS=双倍世涛；SSS=三倍世涛

— 20—21世纪 —

活过来了！！

• 复兴 •

1970年：世涛在英国和美国的小型酒厂中开始复兴。

2000年：果味世涛、多种麦芽世涛、双倍世涛、帝国世涛……世涛的新风尚流行开来。

— 一款著名的世涛 —

约翰·吉罗伊在1930—1960年成就了举世闻名的健力士广告。

— 世涛配餐 —

 + 世涛+烤肉

 +  世涛+洛克福羊乳奶酪

 +  世涛+巧克力甜点

小提示：
世涛有什么特点呢？

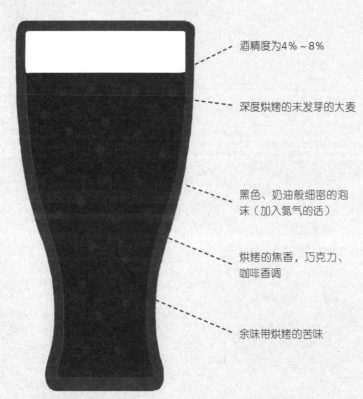

酒精度为4%～8%

深度烘烤的未发芽的大麦

黑色、奶油般细密的泡沫（加入氮气的话）

烘烤的焦香，巧克力、咖啡香调

余味带烘烤的苦味

——— 世涛族谱 ———

- 干世涛：
受爱尔兰影响，味道清淡，泡沫少，容易入口。

- 带甜味的世涛：
牛奶世涛或奶油世涛，加入乳糖、小麦或残糖。

- 燕麦世涛：
加入燕麦使口感丝滑，具榛果香味。

- 出口特酿世涛：
酒精度为8%。

- 帝国世涛：
黏稠的黑色啤酒，原为沙皇俄国宫廷定制。酒精度为8%～12%。

- 添加巧克力的世涛：
巧克力世涛（最初是不加巧克力的）。

- 添加咖啡的世涛：
咖啡世涛。

- 添加生蚝的世涛：
生蚝世涛（20世纪初出现的）。

一些世涛品牌

- 泰坦尼克世涛 •   • 大力神世涛 •   • 疯狂奶牛牛奶世涛 •   • 孟菲斯世涛 •

从选择开始，购买和品尝啤酒

误区26：皮尔森是一款基础酒

这款啤酒就是啤酒发展史上最重要的革命代名词，怎么可能只是款基础酒？

— 1843年 —

皮尔森市
（捷克）

来个
好的*

* 超级好喝！

• 约瑟夫·戈洛尔的皮尔森 •

约瑟夫·戈洛尔，巴伐利亚酿酒师，1842年来到皮尔森市，用淡色麦芽、萨兹啤酒花和波西米亚平原新鲜的水，以下层发酵的方式创造出第一款皮尔森啤酒。

• 诞生于波西米亚 •

1842年，第一款皮尔森啤酒诞生于波西米亚。这款下层发酵的淡色啤酒正式成为一个种类。

— 一款著名的皮尔森 —

— 皮尔森配餐 —

 + 皮尔森+生菜沙拉

 +  皮尔森+海鲜拼盘

 + 皮尔森+软酪

小提示:
皮尔森有什么特点?

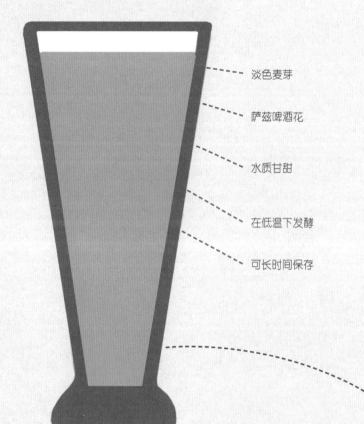

- 淡色麦芽
- 萨兹啤酒花
- 水质甘甜
- 在低温下发酵
- 可长时间保存

常见的皮尔森

• 乌克尔皮尔森 •

── 皮尔森演绎法 ──

- •德国皮尔森:
  干净清爽,带草本啤酒花香。

- •捷克皮尔森:
  麦芽味道浓郁,萨兹啤酒花,泡沫丰富。

- •比利时皮尔森:
  口感甘甜,麦芽味道较淡,稍带苦味。

- •美国皮尔森:
  因原料不同而酿造出的不同版本:淡色麦芽+
  葡萄柚风味的啤酒花。

- •新风尚皮尔森:
  意大利、法国、丹麦。

── 注 意 ──
不要把传统的皮尔森和现代演绎版的皮尔森风格拉格混淆——那种酒单薄,苦度更低甚至偏甜,更不要说遍布世界的商业化淡拉格了。

结论是?
- • 酒精度为4% ~ 5.5% •
- • 麦芽和啤酒花的平衡 •
- • 干爽、细微的苦味 •

从选择开始，购买和品尝啤酒

误区27：酒界奇葩兰比克

兰比克是一种没有人工添加酵母，靠自然发酵而成的啤酒。周围空气中的野生酵母飘落在麦汁中。酒桶中的发酵过程会持续1~3年。所以兰比克也属于啤酒大家族。

— 起初 —

野生酵母

麦汁

最初所有的啤酒都是靠野生酵母发酵而成的。后来酿酒师们学会用先前的啤酒来复制酵母，野生酵母发酵而成的啤酒就几乎绝迹了。再后来（1883年）人们掌握了提取菌株进行培育的技术。

— 如今 —

布鲁塞尔

在布鲁塞尔西部，安德莱赫特、斯海普达尔、贝尔瑟尔、伦贝克出产兰比克，这片地区被称为帕约特兰德。

—— 著名的兰比克 ——

CANTILLON

1900

—— 兰比克配餐 ——

 + 　兰比克+菊苣沙拉

 + 　兰比克+涂了香草软酪的布鲁塞尔面包

 + 　兰比克+烟熏三文鱼

兰比克
到底是什么呢？

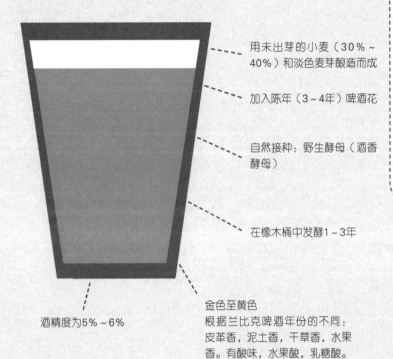

用未出芽的小麦（30%~40%）和淡色麦芽酿造而成

加入陈年（3~4年）啤酒花

自然接种：野生酵母（酒香酵母）

在橡木桶中发酵1~3年

酒精度为5%~6%

金色至黄色
根据兰比克啤酒年份的不同：皮革香，泥土香，干草香，水果香。有酸味，水果酸，乳糖酸。

─ 兰比克变形记 ─

• 贵兹混酿：
典型的布鲁塞尔啤酒，通过将不同年份的兰比克啤酒混合而成。气泡多、味酸、果香浓郁（苹果味、李子味）。

• 法柔：
典型的布鲁塞尔啤酒，口味清爽，加了焦糖，混合了不同年份的兰比克。

• 樱桃啤酒（水果兰比克）：
"kriek"是弗拉芒语，即樱桃。通过在贵兹混酿啤酒中加入酸樱桃制作而成。

最初，用贵兹混酿制作的法柔啤酒都是在吧台上喝的，啤酒上桌的时候直接往杯里加入冰糖。如今，酿酒师直接提供瓶装法柔。水果兰比克可以用各种水果制作：浆果、杏……

几款兰比克啤酒

• 提尔昆贵兹混酿 •　　• 吉拉尔丹贵兹混酿 •　　• 康迪龙的甘布赖纳斯玫瑰 •　　• 林德曼–雷内特酿 •

罐装啤酒的外包装可以为品牌提供一个发挥创意的空间，因此吸引了越来越多的艺术家。

罐装啤酒会有一些低端产品，但不能以偏概全啊。

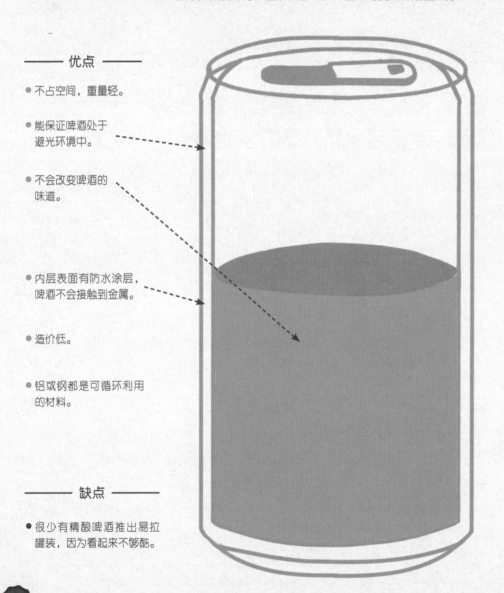

—— 优点 ——

● 不占空间，重量轻。

● 能保证啤酒处于避光环境中。

● 不会改变啤酒的味道。

● 内层表面有防水涂层，啤酒不会接触到金属。

● 造价低。

● 铝或钢都是可循环利用的材料。

—— 缺点 ——

● 很少有精酿啤酒推出易拉罐装，因为看起来不够酷。

没有被压过的空易拉罐能够承受100千克的力量，所以罐装产品耐压，摆放时可以摞得很高。

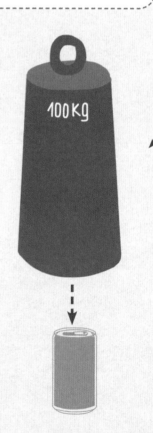

100Kg

BABA

BLACK LAGER

VINTA

= 12 FI.OZ =

从选择开始，购买和品尝啤酒

误区29：我受够了瓶装啤酒

不要埋怨它们在半压下口味不灵。期望值不要太高，差不多就得了。

世界酒瓶模型集锦

澳大利亚
（达尔文短粗瓶）
2升

加拿大
（散装瓶啤）
1.89升

比利时
（史丹尼瓶）
330毫升

英国
284毫升

葡萄牙
（迷你型）
200毫升

美国
（手榴弹瓶）
1.89升

荷兰
（烟管瓶）
300毫升

荷兰
300毫升

美国
330毫升

比利时
（标准瓶）
330毫升

墨西哥
300毫升

想迅速冰镇啤酒？

酒瓶的颜色

这三种颜色不能
有效防止光照。

单瓶啤酒保存时最
好选择棕色瓶。

1
玻璃杯用清水冲洗，
不要用抹布擦。

2
倒酒时杯子呈45°倾斜，
倒至三分之二处。

3
酒瓶举高些，倒酒
时就能出现泡沫了。

4
杯子中的酒不要倒得
太满，转一转杯子就
能闻到啤酒的芳香。

如何看待啤酒瓶底部的沉淀物？

这些酵母可以伴随啤酒一起饮用，
也可以丢弃。

有些瓶装（包括罐装）啤酒会用
一种小工具来制作泡沫：比如有
一种气弹（一个球），啤酒一开
瓶就会释放气体。

为什么一敲瓶子颈部
气泡就跑出来了呢？

1. 瓶身如果受到碰撞，就会因力
的作用而产生震荡波。
2. 震荡波传递到瓶中的酒液。
3. 气泡"妈妈"应运而生。
4. 然后分解出许多气泡"女儿"，
聚集成一团。
5. 当气泡"女儿"四散开来，就
形成了泡沫。

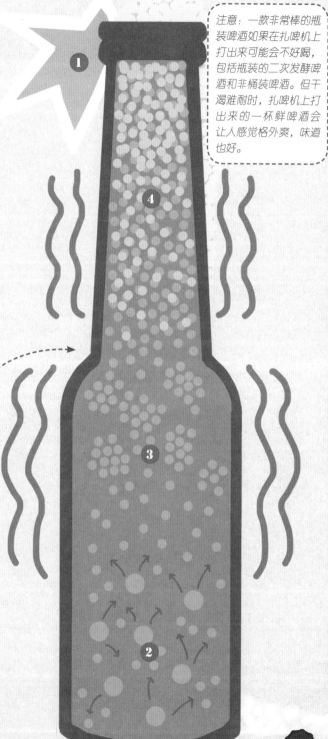

注意：一款非常棒的瓶
装啤酒如果在扎啤机上
打出来可能会不好喝，
包括瓶装的二次发酵啤
酒和非桶装啤酒。但干
渴难耐时，扎啤机上打
出来的一杯鲜啤酒会
让人感觉格外爽，味道
也好。

从选择开始，购买和品尝啤酒

误区30：英国啤酒总是平淡、温暾的

英国人搞出来的"汤"在那些沙文主义者心目中保持着坏印象。但其实我们需要重新认识它！

桶装啤酒

"桶装"指的是木桶和手压泵。手压泵是所有扎啤机的"始祖"，18世纪末在英国的酒吧里非常流行。对于饮用英国苦啤和艾尔啤酒的消费者而言，这是一种独特的体验。

（详见58~59页）

"CAMRA"是真艾尔运动的简称，是由英国的一个消费者组织发起的。他们反对使用气罐压力、提倡使用手阀和液压来侍酒，认为这是一种传统的侍酒方式，是对啤酒的尊重。真艾尔运动在英国、美国和世界啤酒爱好者群体中均得到了广泛认可。

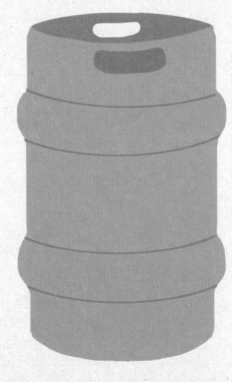

凡是以桶装供应的精酿啤酒，都被拥护者们直接称为"真艾尔"（*Real Ale*）：

• 未经过滤，未经巴氏消毒；

• 质感"柔软"，泡沫很少或没有；

• 酒液中含有活酵母，因此在酒桶中还会持续发酵；

• 酒液中的二氧化碳是自然发酵产生的。

• 根据酒吧中酒窖的温度，侍酒温度为12~14℃。

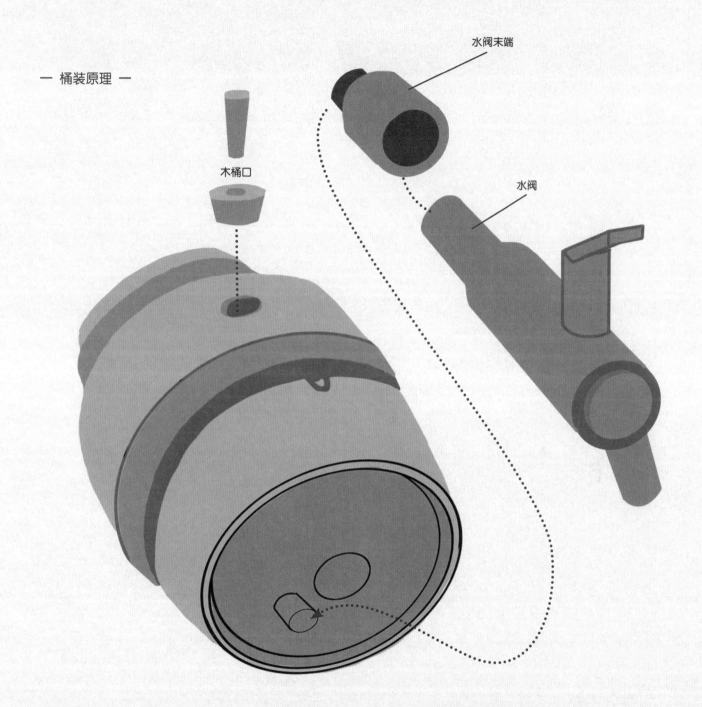

— 桶装原理 —

水阀末端

木桶口

水阀

人们对于男性和女性的啤酒喜好，已经形成一种思维定式。

--------- 口味的偏好 ---------

70％的女性偏好柔软的棕色艾尔和偏酸的黄啤，还有不到5％的女性喜好甜甜的果味啤酒，20％的女性喜欢重味啤酒（啤酒花香浓郁，重度烘烤的麦芽，酒精度很低）。

60％的男性是烈性拉格的忠实粉丝，30％的男性喜欢柔软略带苦味的深色啤酒，还有10％的男性喜欢重味啤酒。

女性对于新口味的啤酒更为好奇，接受程度更高。在某一次测试中，原来声称"对棕啤无爱"的女性，在真正品尝后，80％的体验者改变了态度。

女酿酒师

目前法国有约100名女酿酒师。

10个法国人中有7个人喝啤酒，其中1/3每周至少喝一次啤酒。

10个法国人中有4个声称了解不同类型的啤酒。

79％的男性经常喝啤酒。　56％的法国人表示会经常喝啤酒。

泡沫好in……

47％的法国人偏爱黄啤。

16％的法国人说自己更喜欢白啤。

15％的法国人首选琥珀/红啤和芳香浓郁的啤酒。

53％的法国人偏爱口味和香味都出众的啤酒。

60％的法国人认为啤酒会越来越"时髦"。

60％的法国人希望能进一步了解啤酒的酿造。

数据来源：2015年5月AFEBI（法国独立啤酒专家协会）的民意调查结果。

请告诉我们你喜欢什么啤酒，我们会推荐同类型的其他啤酒给你试试。

• 较为清淡的黄色拉格 •

如果你喜欢

• 喜力 • 嘉士伯 • 1664
• 贝尔福 • 33出口 • 高仕
• 佩罗妮 • 青岛 • 朝日
• 朝日干爽 • 麒麟……

那么你也会喜欢

• 皮尔森（捷克的皮尔森酒厂）• 谷粒佐餐酒（英国的谷粒酿酒厂）• 五月博克（加拿大的三个火枪手酿酒厂）• 西姆科拉格（比利时的圣伊莲娜酒厂）• 空知顶级苦啤（法国上萨瓦省的撒立维山酒厂）•

• 白啤 •

如果你喜欢

• 福佳白啤 • 流星白啤
• 雪绒花 •

那么你也会喜欢

• 雪崩酒（法国萨瓦省的嘎立啤酒厂）• 沙威白啤（加拿大的魔鬼洞酒厂）• 奥贝龙（法国罗讷 – 阿尔卑斯大区的满手月酒厂）• 白兔子（法国上莱茵省的圣克鲁酒厂）• 德式小麦白啤（德国的小麦酒厂）•

• 比利时风格黄啤 •

如果你喜欢

• 莱福金啤 • 阿夫利赫姆
• 格林堡 •

那么你也会喜欢

• 希尔德加德黄啤（法国加来海峡省的圣日尔曼酿酒厂）• 斯特鲁斯巴娜坡（比利时的斯特鲁斯酿酒厂）• 圣斯特凡努斯（比利时的冯斯特伯格酒厂）• 隆奇耶特酿（法国北部省的巴伦酒厂）• 圣里耶于黄啤（法国瓦兹省的圣里耶于精酿酒厂）•

————— • 世涛 • —————

如果你喜欢

那么你也会喜欢

• 波特（法国科雷兹省的科雷兹人酿酒厂）
• 卡森纳得棕啤（法国阿韦龙省的卡森纳得农场酿酒厂）• 傲世纳农黑啤（法国中央省的傲世纳农酿酒厂）• 切拉迦什（法国皮卡第大区的拉索姆酿酒厂）• 欧哈拉世涛，世涛里克（比利时的森纳酒厂）•

健力士 〜〜〜➤

————— • 琥珀啤酒 • —————

如果你喜欢

那么你也会喜欢

• 阿黛尔斯考特 • 费舍琥珀
•1664琥珀啤酒•

〜〜➤

• 马勒如（法国菲尼斯泰尔省的安娜拉什酒厂）• 三部曲红啤（法国菲尼斯泰尔省的三部曲酒厂）• 凌晨5点（英国的酿酒狗酒厂）• 修道院棕啤（德国的艾特修道院酿酒厂）• 阿登世涛（比利时的巴斯托涅酿酒厂）。

————— • 水果啤酒 • —————

如果你喜欢

那么你也会喜欢

• 乐曼樱桃啤酒（比利时的乐曼酿酒厂）•格里欧汀（法国汝拉省的鲁日·德·里斯勒酿酒厂）• 芙蓉花（加拿大蒙特利尔的天空之神酒厂）• 卢富（法国马恩省的奥热蒙酒厂）• 凯尔特小红莓（法国菲尼斯泰尔省的布里特酒厂）

• 樱桃啤酒 • K水果红啤 • 〜〜➤

————— • 增味啤酒 • —————

如果你喜欢

那么你也会喜欢

• 勃艮第牛轧糖（法国阿尔代什省的勃艮第酿酒厂）• 埃维耶（法国卢瓦尔省的卢瓦尔酿酒厂）• 加摩特啤酒（法国默尔特 – 摩泽尔省的洛林酿酒厂）• 椰子波特（夏威夷的毛利酿造公司）• 阿塔娜（荷兰的三根角酿酒厂）•

• 亡命之徒 • 斯库尔 • 〜〜➤

从选择开始，购买和品尝啤酒

误区33：找一个好啤酒吧，真不容易！

新一代的啤酒吧犹如雨后春笋般纷纷冒出，它们已融入人们的生活，充满着无限生机。啤酒吧的员工经过训练后，都懂得如何介绍并推荐啤酒。

玻璃杯是脏的。
杯子上有泡沫？能够看到残留物？赶紧找他们给你换个新杯子！

冰过的酒杯
会遮盖啤酒的芳香，促进泡沫的大量产生。

我的酒
没有泡沫
…

我的
酒杯
是冰的

——— 4种差评标志 ———

❶ 保存不当的啤酒。如果你质疑啤酒的新鲜度、味道，或觉得气泡不足，去找酒保。酒保可能会有很多借口。

❷ 水管和酒嘴保养不当或没有及时清理。

❸ 过了好一会儿啤酒还没有出来，很有可能是管中有残留物导致阻塞。

❹ 酒桶没有冷藏保存。如果酒吧没有给你换一杯或提出充分的理由，只以"本来就是这样"敷衍你，那就可以掀桌了！

存酒没有冷藏，
要出大事儿

啤酒和其他食品一样，应该一直避光冷藏。适当的低温能够减缓啤酒的氧化。否则的话，就体验一下湿纸箱子的味道吧。

啊！不可能！可能是到桶底了……

我的啤酒没味儿啊！

请马上给我换一杯！

嗨！有空吗？出来喝杯贵兹？

4种好评标志

❶ 啤酒种类丰富、划分明确。无论是扎啤、瓶装啤酒还是罐装啤酒，无论是精酿啤酒还是工业化生产的啤酒，酒柜上啤酒的类型都能一目了然。但是，如果酒吧里有200种以上的瓶装啤酒，那就要小心了：要确认生产日期，看啤酒是否新鲜。

❷ 员工健谈，能够给客人提供有效的建议。在酒吧里，专业、热情的员工也是重要的参考标准。

❸ 令人愉悦的环境：可以有属于自己的区域。一个理想的酒吧能够不受年龄和性别的局限，容纳各种类型的人群。

❹ 对于在提供瓶装啤酒时是否也需要优质的服务，一直存在着争论：如提供瓶装啤酒的时候是否需要提供杯子，不同的啤酒能不能搭配同样的杯子。其实只要酒杯干净、杯形有益于体验啤酒的芳香即可。

杯垫实用又美观，已成为全世界通用的啤酒象征。

❶

什么是杯垫？

放在玻璃杯下面的纸板

❷

杯垫的作用

· 杯垫小史 ·

1883年，杯垫诞生于德国的德累斯顿。开始，杯垫只是一片圆形的木片。1892年，杯垫传到了法国，变成了彩陶或者瓷质的小碟子。最早的纤维质杯垫出现于1900年，样式很简单，单色，但厚度约为现在杯垫的5倍。然后发展为双色、带图案、有酒厂广告语的杯垫。第二次世界大战后，酿酒厂数量锐减，杯垫也几乎绝迹。从20世纪70年代到现在，随着人们消费习惯的改变、独立酿酒厂的逐渐消亡，杯垫也渐渐变得标准化了。市面上不仅出现了"重大事件杯垫"和"系列杯垫"，甚至有的杯垫上还印上了谜语！

1. 杯垫能接住玻璃杯上流下来的冷凝水。如果待酒得当，啤酒在上桌的时候酒杯是湿润的。

2. 杯垫可以成为宣传媒介。

3. 杯垫可以像杯盖一样盖在杯子上，防止跑味。

4. 一种标记：如果离开座位，杯垫可以表示这杯酒是有主人的。

5. 一些国家会在杯垫上做记录，计算客人的消费情况。

6. 1930—1950年，有人会用杯垫当明信片。

啤酒周边产品爱好者

杯垫的样式

杯垫收集者是啤酒周边产品爱好者大家庭的一部分。杯垫、印章和明信片是最常被收集的物品。

圆形、方形、椭圆形；直边的、圆弧的；纸板的、金属的；迷你的、超大号的……

举例一些杯垫

系列杯垫能够增加品牌的
— **故事性** —

阿莫斯酒厂（由古斯塔夫·阿莫斯创建）推出的系列杯垫，讲述了酒厂诞生于1868年，却在1993年关张的故事。

从选择开始，购买和品尝啤酒

误区35：英式酒吧是近年的产物

1720—1750年
这是一段从荷兰进口杜松子酒的时期。

青铜器时期开始，当地人就开始喝艾尔啤酒了。

公元40年
罗马人的商店里会出售葡萄酒给士兵，出售艾尔啤酒给当地人。

1689年
英国的人均啤酒消费量为454升。

410年
在罗马人离开之后，公众场合成了当地人聚会之地。

1600年
所有的酒吧都开始了一项非常流行的活动：斗鸡。

此时有17 000家艾尔啤酒屋、2 000家旅店、400家饭馆（提供红酒的），几乎平均每200个人附近就会有一家酒吧。

750年
圣奥尔本斯的斗鸡老酒店（Ye Olde Fighting Cocks，公元8世纪）是现存最古老的酒吧。

1485年
在亨利八世统治期间，"酒吧"这个词就已经非常流行了。

1400年
许多公房被改成旅馆，供旅客使用。

965年
英国国王埃德加宣布一个村子里只能有一家艾尔啤酒屋。

1552年
开酒吧必须先获得营业执照。

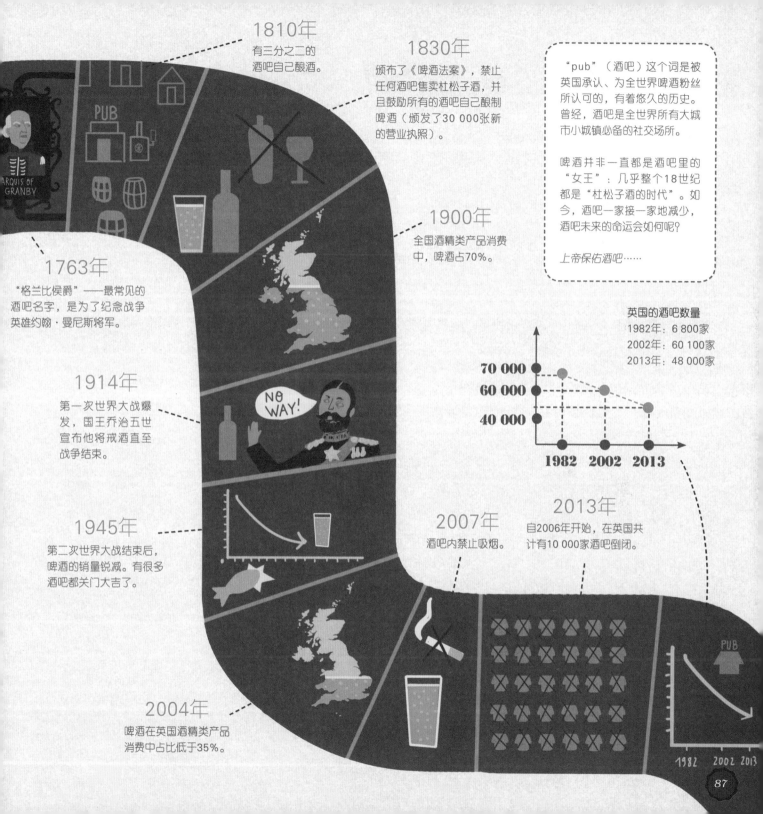

1810年
有三分之二的酒吧自己酿酒。

1830年
颁布了《啤酒法案》，禁止任何酒吧售卖杜松子酒，并且鼓励所有的酒吧自己酿制啤酒（颁发了30 000张新的营业执照）。

"pub"（酒吧）这个词是被英国承认、为全世界啤酒粉丝所认可的，有着悠久的历史。曾经，酒吧是全世界所有大城市小城镇必备的社交场所。

啤酒并非一直都是酒吧里的"女王"：几乎整个18世纪都是"杜松子酒的时代"。如今，酒吧一家接一家地减少，酒吧未来的命运会如何呢？

上帝保佑酒吧……

1900年
全国酒精类产品消费中，啤酒占70%。

1763年
"格兰比侯爵"——最常见的酒吧名字，是为了纪念战争英雄约翰·曼尼斯将军。

1914年
第一次世界大战爆发，国王乔治五世宣布他将戒酒直至战争结束。

NO WAY!

英国的酒吧数量
1982年：6 800家
2002年：60 100家
2013年：48 000家

1945年
第二次世界大战结束后，啤酒的销量锐减。有很多酒吧都关门大吉了。

2007年
酒吧内禁止吸烟。

2013年
自2006年开始，在英国共计有10 000家酒吧倒闭。

2004年
啤酒在英国酒精类产品消费中占比低于35%。

从选择开始，购买和品尝啤酒

误区36：啤酒都是用扎啤杯来喝的

有很多种杯子都适合用来喝啤酒。在家里只要置办6种酒杯，就可以畅享各种风格的啤酒。

圣餐杯

一种喇叭形的酒杯，在喝第一口时就能充分享受啤酒独特的风味。
适合修道院啤酒。

球形杯

像红酒一样，手握杯颈时不会影响杯肚中啤酒的温度。
这种杯子适合享用桶装啤酒、大麦烈酒和重味艾尔。

郁金香杯

郁金香球形杯：这是杜威的标志性杯形，能使泡沫保留的时间更长，
适用于任何类型的啤酒。

笛子形酒杯

杯子边缘直，从而可以与香槟杯区分开来。这种杯形可
以使小气泡均匀地散开。适合沙口的水果啤酒、
兰比克、金色拉格、皮尔森。

小麦啤酒杯

杯身非常高，能够凸显比利时小麦或德式小麦的异域风味。

扎啤杯

材质为厚玻璃，方便拿动和清洗；有手柄，可以避免手掌把酒捂热；
开口大，喝着畅快。适用于多种啤酒。

异形酒杯

1 阿文提诺酒杯

2 提斯特尔酒杯

3 超现实风格酒杯

4 夸克杯

5 酒瓶杯

6 靴子杯

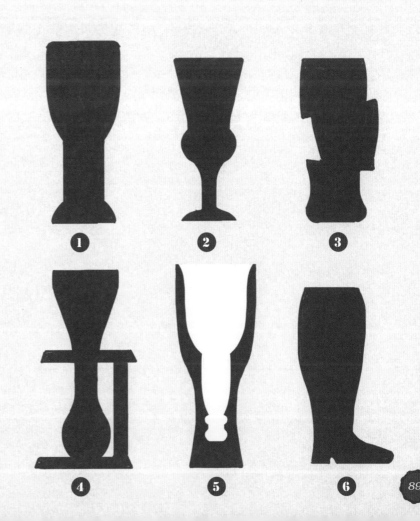

周围关于啤酒的装备品种繁多，让人眼花缭乱。有的极受欢迎，有的会让人讨厌，喜好全凭个人……

— 1 —

啤酒游戏机

加利福尼亚州的一项伟大发明：在炫酷的游戏机内置啤酒。售价4 000欧元，也许还是多走几步路，去酒吧为好。

— 2 —

浓缩啤酒口味糖浆

真是够古怪的！

— 3 —

啤酒瓶外形的奶瓶

年轻家长用这种啤酒奶瓶来逗孩子。

— 4 —

可以把瓶盖当飞镖玩的酒瓶起子

这东西好玩吗？

咔啦！

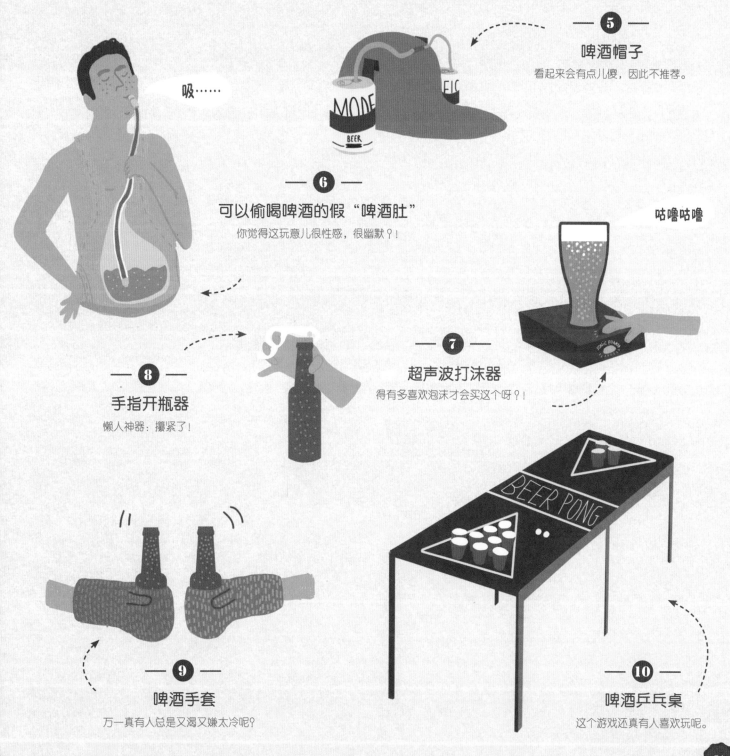

吸……

— 5 —
啤酒帽子
看起来会有点儿傻，因此不推荐。

— 6 —
可以偷喝啤酒的假"啤酒肚"
你觉得这玩意儿很性感，很幽默？！

咕噜咕噜

— 7 —
超声波打沫器
得有多喜欢泡沫才会买这个呀？！

— 8 —
手指开瓶器
懒人神器：攥紧了！

BEER PONG

— 9 —
啤酒手套
万一真有人总是又渴又嫌太冷呢？

— 10 —
啤酒乒乓桌
这个游戏还真有人喜欢玩呢。

从选择开始，购买和品尝啤酒

误区38：喝啤酒会增肥

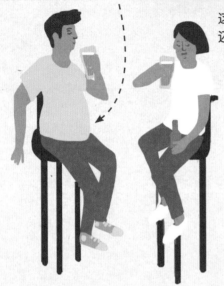

这完全是误解：啤酒是卡路里含量很低的饮料之一……不过当然啦，还是得看你喝多少！

不同饮料所含的卡路里（100毫升）

啤酒 = 30 ~ 45 千卡　橙汁 = 45 千卡　可乐 = 48.5 千卡

葡萄酒 = 70 ~ 100 千卡　波特酒 = 160 千卡　威士忌 = 252 千卡

无酒精	5°	7°	9°
27 千卡	45 千卡	64 千卡	85 千卡

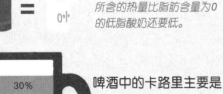

从比例上算，无酒精啤酒所含的热量比脂肪含量为0的低脂酸奶还要低。

30% 碳水化合物

70% 酒精

啤酒中的卡路里主要是从哪儿来的？

注意：啤酒中使用的糖的含量会影响卡路里量。

"啤酒肚"的终极解码

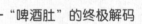

很少有人将啤酒与蔬菜搭配食用　　年纪越大，脂肪储存越多　　男性长肚子，女性长屁股

摆脱啤酒肚

喝酒有度　　合理膳食，喝酒吃菜　　勤加锻炼

从选择开始，购买和品尝啤酒

误区39：啤酒有害健康

很久以前，啤酒的多种用途和医疗效用就已闻名于世。人们倡导有节制地饮用酒精类饮料。关键在于是否能做到有节制地饮用啤酒。

一个单位的酒精=1杯

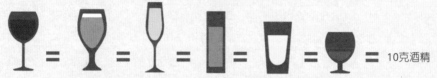

红酒	白葡萄酒	香槟	利口酒+软饮	烈酒+水	白兰地	10克酒精
100毫升12°	250毫升5°	100毫升10°	30毫升40°	25毫升45°	30毫升40°	

啤酒在医疗方面的使用：历史悠久

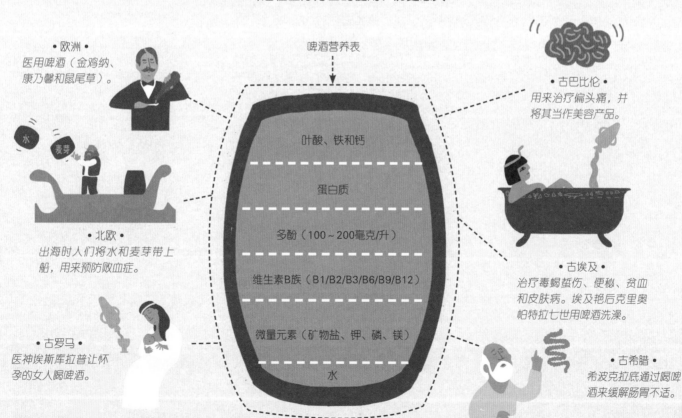

• 欧洲 •
医用啤酒（金鸡纳、康乃馨和鼠尾草）。

• 北欧 •
出海时人们将水和麦芽带上船，用来预防败血症。

• 古罗马 •
医神埃斯库拉普让怀孕的女人喝啤酒。

啤酒营养表

叶酸、铁和钙

蛋白质

多酚（100～200毫克/升）

维生素B族（B1/B2/B3/B6/B9/B12）

微量元素（矿物盐、钾、磷、镁）

水

• 古巴比伦 •
用来治疗偏头痛，并将其当作美容产品。

• 古埃及 •
治疗毒蝎蜇伤、便秘、贫血和皮肤病。埃及艳后克里奥帕特拉七世用啤酒洗澡。

• 古希腊 •
希波克拉底通过喝啤酒来缓解肠胃不适。

从选择开始，购买和品尝啤酒

误区40：没有起子就打不开啤酒瓶

尝试利用身边的资源，不过要小心操作，需要练习！

• 用打火机

• 借助坚硬的直角

• 用冰鞋上的冰刀

• 用皮带扣

• 用厚纸片

• 用勺子

• 用屁股夹

• 用CD

注意！

上述所有方法，网上都有人测试过。

 可行，
没有危险

 危险，
不要尝试

如果开瓶的时候不小心打碎了瓶子，请戴上手套，小心地清理所有碎片。不要再喝瓶子里剩下的酒，因为可能有碎玻璃掉在瓶底。

•用易拉罐

•用高跟鞋

•用另一瓶啤酒

•用电锯

•用钥匙

•用刀子

•用手

•用钢镚儿

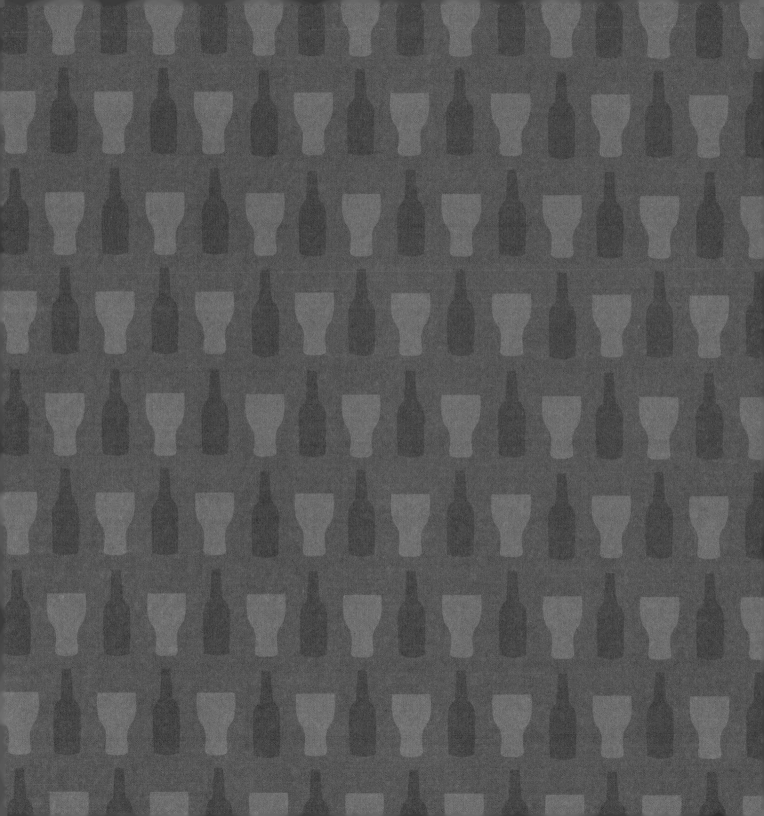

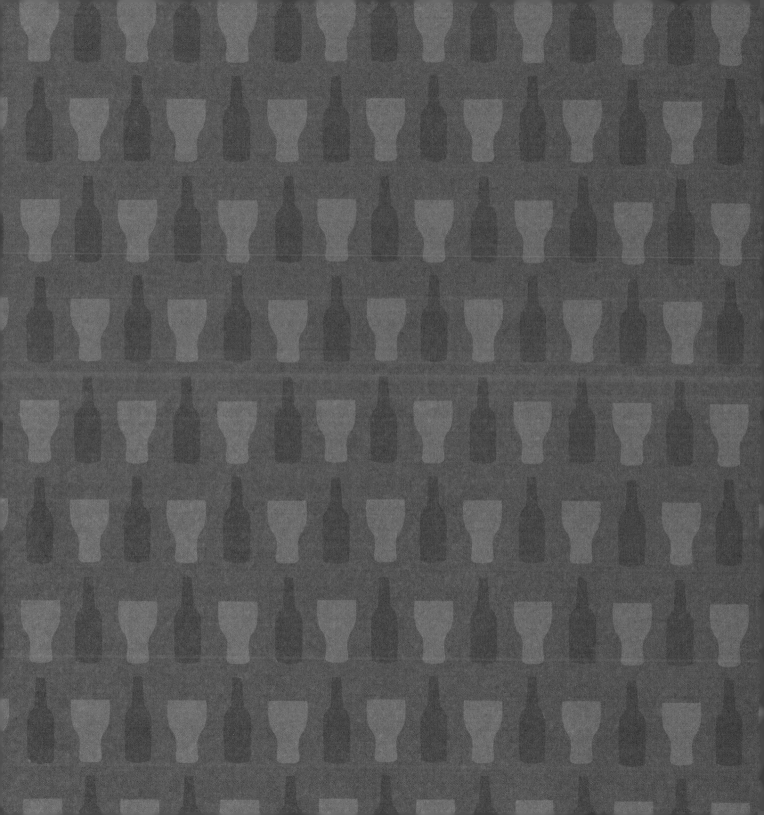

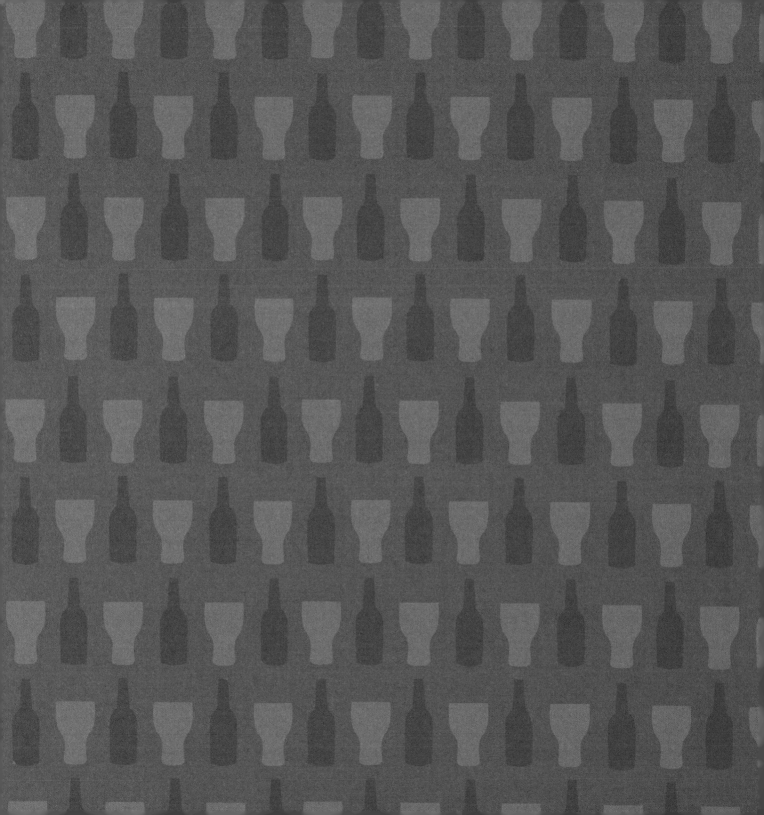

从历史说起，好啤酒是怎样被制造出来的

3

从历史说起，好啤酒是怎样被制造出来的

误区41：酿制啤酒非常简单

让我们来看看啤酒是怎样酿成的。

大麦来啦

大麦公司

·磨麦芽的粉碎机·

磨碎啦！

磨碎：将出芽的大麦磨碎，就能得到碎麦芽。不要磨得太细，也不能太粗。麦芽会释放淀粉。保留麦芽的谷壳，在糖化过程中能起到过滤的作用。

糖化：在碎麦芽中加入热水，用手或机器来混合。混合物加热至65～72℃（根据啤酒的配方而定）：这个操作是为了激活水解淀粉酶。这些水解淀粉酶将淀粉转化成糖类。这个反应过程就是糖化过程。

—— 酒糟铲 ——
一种木质带孔洞的平铲，是传统酿酒师必备的工具。

来点儿
酒花

煮沸：将麦汁移到大桶中煮沸杀菌。加入啤酒花、香料、草药、蜂蜜……煮沸的时间根据啤酒配方而定。就像在厨房里熬制酱汁一样，熬煮的时间越长，汁的颜色和风味就越浓重。

这样就获得了甘甜的麦汁，包括初级的浓缩糖汁（或称"甜麦汁"）和麦糟。麦糟即大麦的外壳残留物，可以作为农场的牲畜饲料。

·煮沸桶·

少量酵母

·冷却罐·

哞

③

窖藏或熟成

啤酒存放在酒桶中，保持温度为0℃存放几周。

如果是酿瓶装啤酒，酿酒师会在装瓶之前加入糖或酵母，然后在温暖的房间（25℃）存放几周。

酵母会持续作用，增加啤酒中的二氧化碳。这时候酿酒师也可以直接将啤酒花"干投"在发酵桶中。

· 储酒罐 ·

④

过滤

如果啤酒不是在瓶中发酵的，就用离心机或过滤器将酵母和杂质过滤出去。瓶装啤酒一般都是经过巴氏消毒的。

⑤

包装

装罐、装瓶或装易拉罐。

超 市

3种发酵方式

下层发酵（如拉格）：5~14℃，发酵5~14天。
上层发酵（如艾尔、波特）：15~24℃，发酵2~6天。
自然发酵（如兰比克）：不用人工添加酵母，完全靠野生酵母和周围空气中菌群的"污染"。

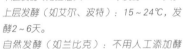

· 装瓶 ·

· 罐装机器 ·

好 喝 的 啤 酒

好吃 好吃 好吃 好吃

②

发 酵

在发酵桶中加入酵母。发酵的温度和时间根据酿造配方而定。酵母在麦汁中繁殖。当氧气足够的时候，它们就会分解糖，然后释放出酒精和二氧化碳。

发酵啦！

· 发酵罐 ·

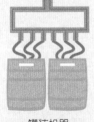

101

从历史说起，好啤酒是怎样被制造出来的

误区42：啤酒花是啤酒的主要原料

啤酒花是一种古老的植物，能为啤酒增加一丝清苦味，但啤酒花的用量远比谷物少得多。谷物麦芽才是啤酒的基础。

根据啤酒风格和种类的不同，每升啤酒中投放1~10克啤酒花不等。当地的酿酒厂可能会投放得更多，
因为啤酒花才是产生浓重酒花味道的点睛之笔。

① 啤酒花的种植

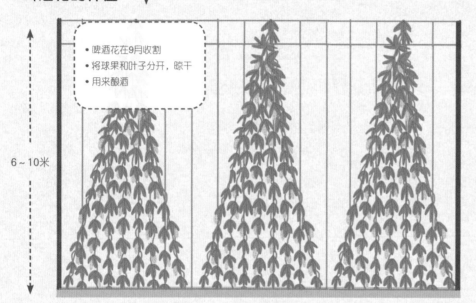

- 啤酒花在9月收割
- 将球果和叶子分开，晾干
- 用来酿酒

6~10米

② 啤酒花的神奇力量

- 啤酒花可以长到6~10米高。
- 开花季为5—9月。
- 酿酒时使用的是雌花苞（英国也会使用雄花苞）。
- 全世界有超过100种啤酒花。

蛇麻腺：
广泛存在于啤酒花的腺体中，由精油和松香构成。

啤酒花的花柱或压缩颗粒

啤酒花在酿酒中的使用

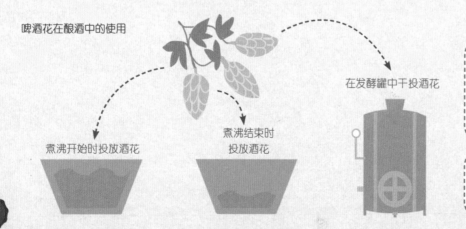

在发酵罐中干投酒花

煮沸开始时投放酒花

煮沸结束时投放酒花

在啤酒花中我们能够获得：

α酸　　　　　　　　β酸

它扮演了杀菌的重要　　它能提供多种香味。
角色，带苦味。

酿造1升啤酒，平均需要200克麦芽、2克啤酒花、几克酵母和5升水。这个比例可能会根据啤酒的类型而有所变化。

在哪里生长

- 原产于欧洲、美洲和亚洲，然后遍布全球（古埃及和古罗马已经率先使用）。

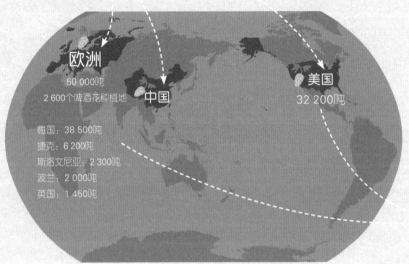

欧洲
50 000吨
2 600个啤酒花种植地

中国

美国
32 200吨

德国：38 500吨
捷克：6 200吨
斯洛文尼亚：2 300吨
波兰：2 000吨
英国：1 450吨

❹

——— 产量 ———

世界：年产量为80 000～100 000吨
主要买家：俄罗斯、美国和日本

底图来源：国家测绘地理信息局网站。

❺

啤酒花的种类

国家	啤酒花品种（香味和/或苦味）		
德国	海格立斯 佩勒 哈勒陶传统	泰兰格 海斯布鲁克 哈勒陶马格南	哈勒陶陶陶洛斯（果香，偏甜） 斯波特精选 蓝宝石（果香）
捷克	萨兹（蔬菜，果香） 斯拉德克（百香果，葡萄干） 普莱米特		
法国	思爵瑟斯帕特 阿拉米斯 传统酒花	华丽摇滚 红色芭比	
英国	瓦伊河目标 东肯特古丁 法格	瓦伊河挑战者 瓦伊河诺恩道 布拉姆林十字	北酿 海军上将 酿酒师黄金 进步
美国	喀斯喀特 哥伦布战斧宙斯 世纪百年	极点 西姆科 西楚（热带水果味）	奇努克 阿波罗 努格特 威拉米特（果香）

103

从历史说起，好啤酒是怎样被制造出来的

误区43：啤酒里没有酵母

酵母除了是啤酒制作工程中不可或缺的原料，还能为啤酒带来多样的风味。

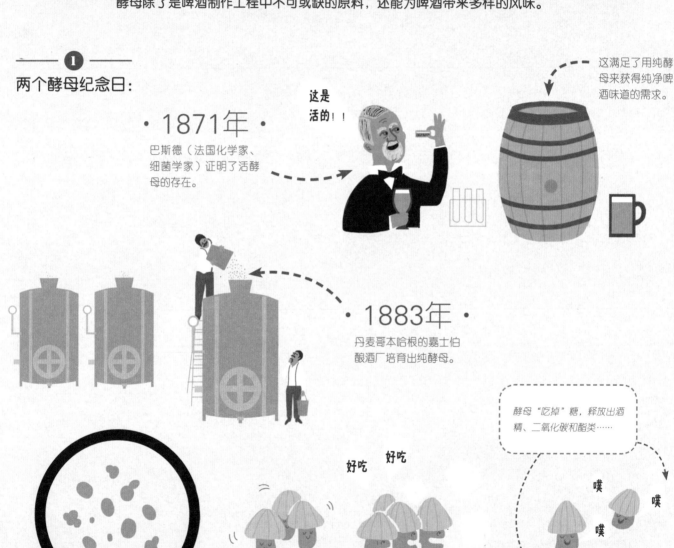

1 两个酵母纪念日：

·**1871年**·
巴斯德（法国化学家、细菌学家）证明了活酵母的存在。

这是活的！！

这满足了用纯酵母来获得纯净啤酒味道的需求。

·1883年·
丹麦哥本哈根的嘉士伯酿酒厂培育出纯酵母。

酵母"吃掉"糖，释放出酒精、二氧化碳和酯类……

好吃 好吃

好吃

噗 噗 噗 噗 噗

酿酒酵母（吃糖的真菌）

现存的1 000多种酵母菌可以分成三大类

酯和高醇	相对中性	动物性气味
上层发酵，活性温度15~25℃	下层发酵，活性温度8~14℃	空气中的野生酵母+乳酸菌和醋酸菌

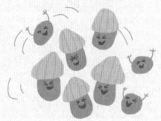

如：酿酒酵母、戴尔凯氏有孢圆酵母　　*如：巴氏酵母*　　*如：酒香酵母属*

不同类型的相关酵母特性

纯酵母	适用于中性啤酒，酯香不突出、麦芽香和酒花香占主导的啤酒：拉格、干性世涛、美国淡色艾尔
水果酵母	适用于轻度酯香的啤酒：英格兰传统类型
混合酵母	适用于科隆啤酒、古法黑啤
酚基酵母	适用于传统比利时类型：塞松、修道院
特殊酵母	适用于小麦啤酒香气类型：酚（小麦典型香气）、丁香、香蕉酯

啤酒的营养价值

• 富含维生素B1、B3、B5、B6、B7、B9。

• 有助于脂肪分解。

• 保护神经系统和消化系统。

• 美容、养发、护肤。

酵母特性的信息来源：怀特和詹纳舍夫（White et Zainasheff）于2010年发表的《啤酒发酵的酵母实用指南》

营养价值信息来源：马里兰大学医疗中心发表的《酿酒师的酵母》

从历史说起，好啤酒是怎样被制造出来的

误区44：啤酒发酵和红酒发酵的过程类似

啤酒是最古老的发酵饮料，和红酒一样，是酒精发酵的产物。

麦芽 ＋ 酵母 ＝

葡萄 ＋ 酵母 ＝

酵母作用的过程

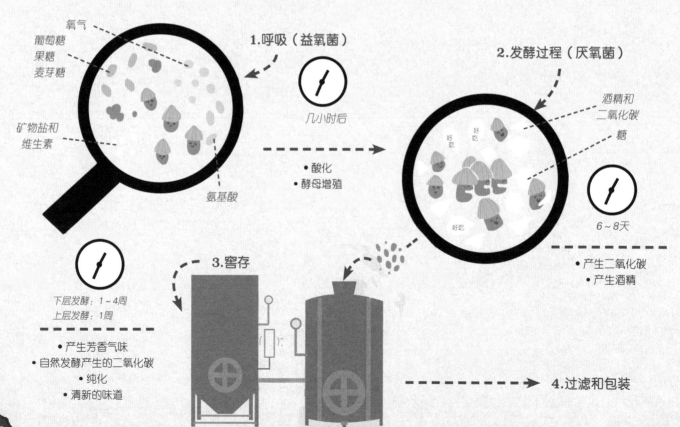

氧气
葡萄糖
果糖
麦芽糖

矿物盐和
维生素

氨基酸

1.呼吸（益氧菌）

几小时后

• 酸化
• 酵母增殖

2.发酵过程（厌氧菌）

好吃 好吃
好吃
好吃

酒精和
二氧化碳
糖

6～8天

• 产生二氧化碳
• 产生酒精

下层发酵：1～4周
上层发酵：1周

• 产生芳香气味
• 自然发酵产生的二氧化碳
• 纯化
• 清新的味道

3.窖存

4.过滤和包装

——— 酵母发生的生物化学转换 ———

制作啤酒的生化反应过程中，不同的阶段酵母会将不同的酿造产物转化为不同的化合物，因发酵类型不同，形成的啤酒风格也不同。

• 酵母细胞 •

细胞核

麦汁

淀粉
+
蛋白质

葡萄糖

糖酵解

蛋白质代谢

+

麦芽糖
麦芽三糖
氨基酸
缩氨酸

酒精发酵

二氧化碳
+
乙醇

窖存

能刺激感官的化合物

—— 啤酒瓶内发生的二次发酵 ——

这完全是自然发酵的过程。装瓶的时候在啤酒中加入少量的糖，以便酵母能持续产生二氧化碳。

糖

——— 酵母在啤酒酿造过程中所扮演的角色 ———

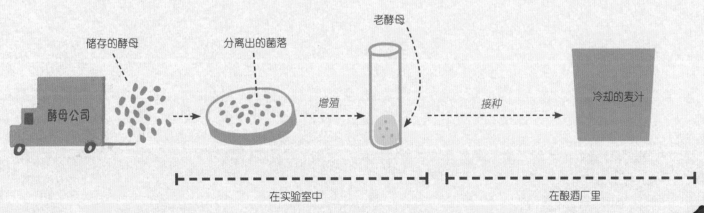

储存的酵母

分离出的菌落

老酵母

酵母公司

增殖

接种

冷却的麦汁

在实验室中

在酿酒厂里

家酿，很多啤酒爱好者可能已经尝试过。希望下面的内容可以给你一些启发，开始自己的家酿之旅。

❶ 入门级酿酒设备

可以使用三种工具来完成麦汁的发酵：

- **玻璃坛子**

  或

- **塑料发酵桶**

  或

- **不锈钢发酵罐**

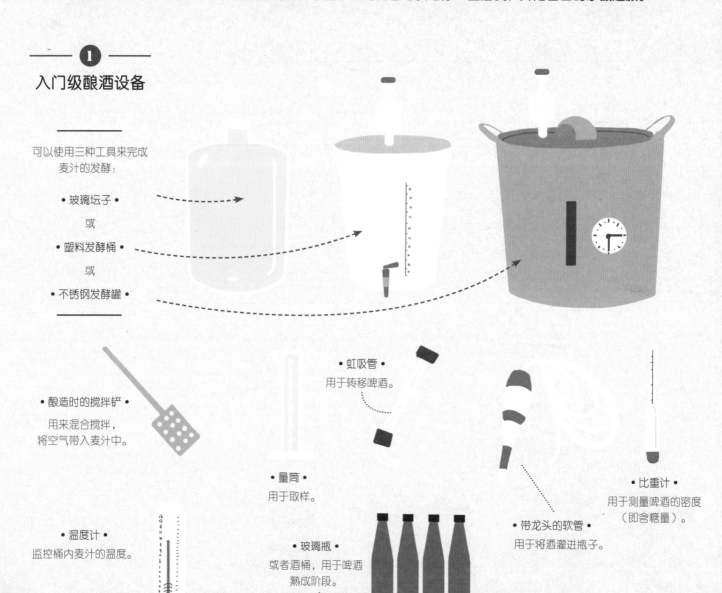

- **酿造时的搅拌铲**

  用来混合搅拌，将空气带入麦汁中。

- **虹吸管**

  用于转移啤酒。

- **量筒**

  用于取样。

- **温度计**

  监控桶内麦汁的温度。

- **玻璃瓶**

  或者酒桶，用于啤酒熟成阶段。

- **带龙头的软管**

  用于将酒灌进瓶子。

- **比重计**

  用于测量啤酒的密度（即含糖量）。

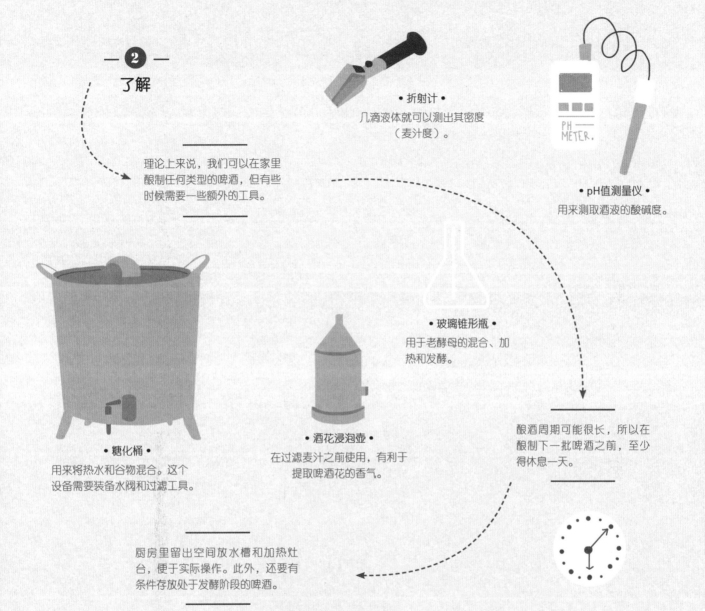

— ② —
了解

理论上来说，我们可以在家里
酿制任何类型的啤酒，但有些
时候需要一些额外的工具。

• 折射计 •
几滴液体就可以测出其密度
（麦汁度）。

• pH值测量仪 •
用来测取酒液的酸碱度。

• 糖化桶 •
用来将热水和谷物混合。这个
设备需要装备水阀和过滤工具。

• 酒花浸泡壶 •
在过滤麦汁之前使用，有利于
提取啤酒花的香气。

• 玻璃锥形瓶 •
用于老酵母的混合、加
热和发酵。

酿酒周期可能很长，所以在
酿制下一批啤酒之前，至少
得休息一天。

厨房里留出空间放水槽和加热灶
台，便于实际操作。此外，还要有
条件存放处于发酵阶段的啤酒。

可以在酿酒师那儿学习技巧、
购买原料。

从历史说起，好啤酒是怎样被制造出来的

误区46：三料啤酒，就是发酵了三遍

这是一种由修道院修士创造的啤酒。这种风格的啤酒，现在已经有了多重含义。

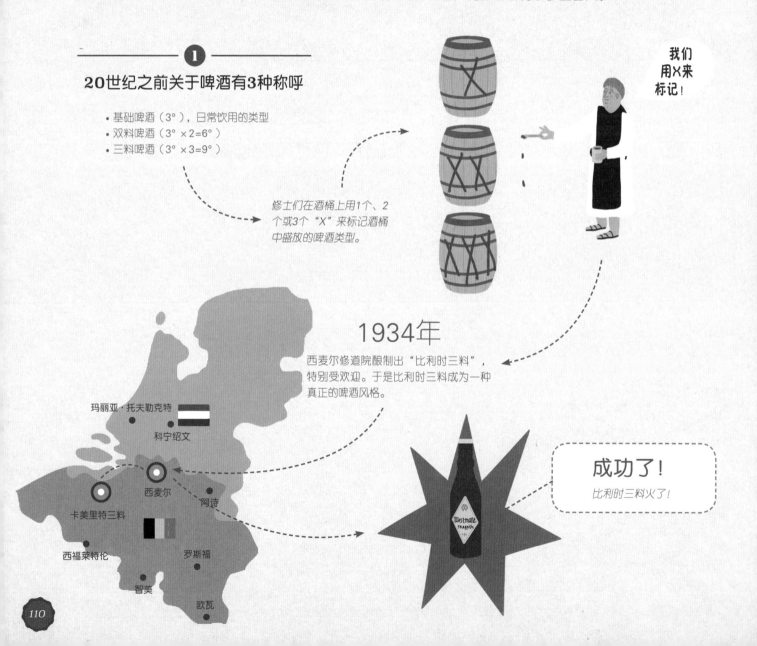

1

20世纪之前关于啤酒有3种称呼

- 基础啤酒（3°），日常饮用的类型
- 双料啤酒（3°×2=6°）
- 三料啤酒（3°×3=9°）

修士们在酒桶上用1个、2个或3个"X"来标记酒桶中盛放的啤酒类型。

我们用X来标记！

1934年

西麦尔修道院酿制出"比利时三料"，特别受欢迎。于是比利时三料成为一种真正的啤酒风格。

玛丽亚·托夫勒克特
科宁绍文
卡美里特三料
西麦尔
阿诗
西福莱特伦
罗斯福
智美
欧瓦

成功了！
比利时三料火了！

今天

这三种名称意味着：

·双料·
艾尔，棕色，略带辛辣，有焦糖的香味，6~7°。

·三料·
黄色，果香浓郁，甘甜，9°左右。

·四料·
浓烈，深色，非常甜，10~11°。

注意

其他描述"双"和"三"的词：

·三麦·
这是指在制作过程中用到3种谷物（大麦、小麦和燕麦）。

·三倍酒花、双倍IPA·
三倍酒花在比利时是指用3种啤酒花，但美式双倍IPA并不只用2种啤酒花，通常是3~5种。

·"三倍"或"双倍"短饮·
我们能够在酒瓶上看到这些——可能是修道院啤酒，可能不是（详见56~57页）：这表示致力于提供高酒精度啤酒。

— 一个容易混淆的词 —
酿酒师称其为麦醪：这意味着啤酒是在瓶中发酵的。在酿酒师眼中，有一发、二发（在窖存罐中）和瓶中发酵阶段。只不过，大多数啤酒都是按这个过程发酵的。

什么都看不到啊！

太让人困惑了！

好吧，让酒商给你澄清一下……

从历史说起，好啤酒是怎样被制造出来的

误区47：浑浊的啤酒不正常

啤酒中的浑浊并不是问题，这说明啤酒在装瓶时没有过滤或还在发酵。清澄的啤酒是经过过滤的，或者倒过桶的。

不透明的浑浊 —啤酒—	"戴面纱"的 —啤酒—	清亮通透的 —啤酒—

 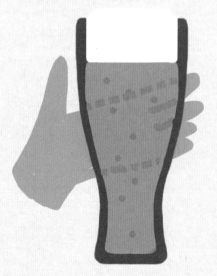 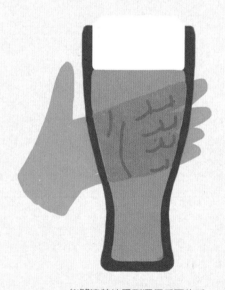

- 隔着杯子，完全看不到酒杯后面的手。

酒液看起来非常浑浊，有酵母颗粒，杯里有沉淀。

- 透过杯子隐约可以看到杯后的手。

"戴面纱"的啤酒是未经过滤的，但基本没有瓶中发酵。

- 能够清楚地看到酒杯后面的手。

清澄的啤酒通常是已过滤的。过滤了所有的悬浮固体，如酵母细胞、凝结蛋白质。大部分情况下是经过巴氏消毒的。

历史

在很长的时间里啤酒一直是浑浊、暗色的。第一款清澄的黄啤于1842年诞生在捷克的皮尔森市。如今，为了还原经典，一些精酿啤酒师经常选择在酒瓶中发酵，不经过滤。

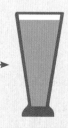

啤酒为什么是浑浊的?

浑浊的啤酒是没有经过过滤的，可能在装瓶的时候添加了活性酵母或糖。瓶底的沉淀因配方不同，可能有残留酵母、啤酒花、香料。

本地啤酒通常是不过滤的：因为考虑在完成酿制的啤酒中保留酵母和其他物质，加强和加重口味。这些啤酒随着时间的推移会发生变化。没有过滤的啤酒越来越流行。这些是"活"啤酒。

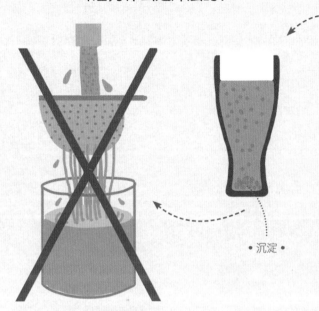

• 沉淀 •

浑浊啤酒的侍酒

沉淀物：啤酒中的沉淀颗粒；旋转瓶子的时候，酵母会悬浮起来。

1. 将啤酒从瓶中倒入杯子，杯子边缘处留出1厘米空余，以便侍酒。

2. 在旁边另用一个杯子盛放沉淀物。

啤酒为什么要过滤?

• 窖存罐 •

• 酵母和沉淀物 •

1. 什么时候，如何过滤?

为了获得一杯完美的清澄啤酒，在发酵和窖藏后必须过滤掉所有可能的固体颗粒（单宁、蛋白质……）。

最常见的过滤是用"硅藻土"过滤板。硅藻土是硅藻微体化石，过滤时使用的是从硅藻化石中提取的精细粉末。这种过滤方式也用来使葡萄酒澄清。

2.巴氏消毒

经过巴氏消毒的啤酒是稳定的啤酒，没有活酵母，是"死"啤酒。

巴氏消毒的方法之一是将啤酒瓶放入巴氏消毒机中，喷射热水，然后喷洒凉水。

3.啤酒的滗析

当酵母彻底沉淀到窖藏罐底部时进行滗析。这是在酵母有良好沉淀性的情况下。

从历史说起，好啤酒是怎样被制造出来的

误区48：季节性啤酒，就是种噱头

虽然三月啤酒和圣诞节啤酒似乎是营销噱头，但其实这些季节性啤酒背后是有渊源的。

1

19世纪以前的啤酒历年

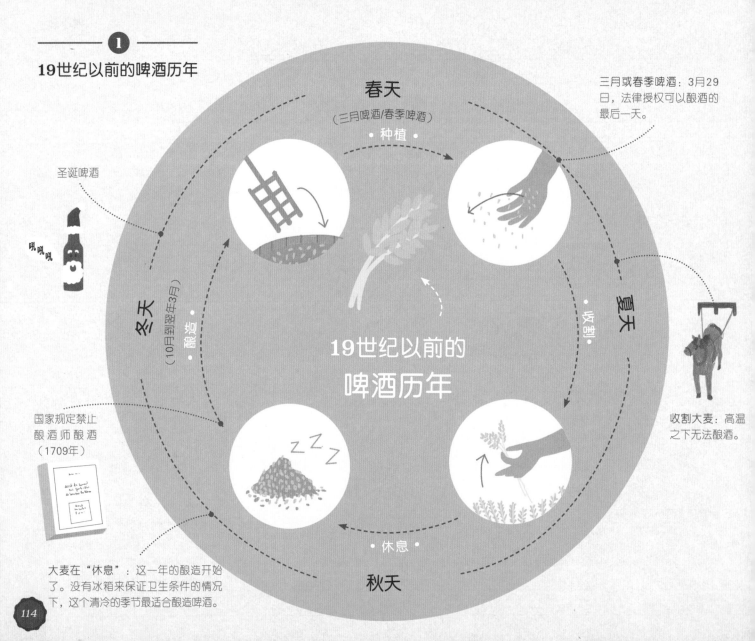

圣诞啤酒

吼吼吼

国家规定禁止酿酒师酿酒（1709年）

大麦在"休息"：这一年的酿造开始了。没有冰箱来保证卫生条件的情况下，这个清冷的季节最适合酿造啤酒。

春天

（三月啤酒/春季啤酒）

· 种植 ·

三月或春季啤酒：3月29日，法律授权可以酿酒的最后一天。

夏天

· 收割 ·

收割大麦：高温之下无法酿酒。

秋天

· 休息 ·

冬天

（10月到翌年3月）

· 酿造 ·

19世纪以前的啤酒历年

小历史回顾

• 19世纪末之前，人们根据季节来酿造啤酒。

• 19世纪末，新工业技术的诞生（巴氏消毒、冷却设备）终结了啤酒历年。

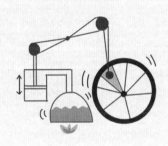

• 今天，只有少数酿酒师仍按传统季节酿酒。

除了传统的季节性啤酒，大型酒厂也和啤酒的季节性有关联，如春天和圣诞节。小型酒厂也会按照啤酒历年来准时酿酒。除了经典酒款之外，它们也会创造自己的新品。

• 三月啤酒：在酒桶中发酵2～3个月（现在的啤酒发酵只需5～6天，大部分是啤酒花含量高的清爽型黄啤）。

• 圣诞啤酒：12月底出罐，冬至日当天上市。现在的圣诞啤酒通常是浓重的棕色，高酒精度，有时还加入香辛料。

季节还是塞松？

不要把季节性（*season*）啤酒和塞松（*saison*）啤酒搞混。塞松是一种上层发酵的啤酒，源自比利时，黄色至琥珀色，啤酒花浓郁，酒体干，口感清爽。冬季酿造，保存到夏季。自1844年比利时的埃诺省推出杜邦塞松后，这种风格的啤酒在美国酿酒师中非常流行。通常是琥珀色，有时候是棕色，有香辛料的味道，略苦，带一丝焦糖香味，酒精度为5～6°。

应季啤酒是季节性啤酒，每一季都有所不同，比如春季啤酒或冬季啤酒。

公元前10000年

中东地区出现野生大麦。

公元前4000年

人们提出"sikaru"一词，意为液体面包——这是啤酒的苏美尔文名字。

公元前500—公元前100年

"Gaule"一词诞生，表示装啤酒的容器，如动物的角、水壶和陶杯。

公元前9000—公元前4000年

世界各地开始采用五花八门的作物作为啤酒的淀粉来源：小麦、大麦、黑麦、燕麦、扁豆、豌豆、大米、黄豆、豆角、小米等。

公元前320—公元前30年

"Zythum"一词出现——这是啤酒的古埃及名，而"zythos"即希腊语的"大麦"。

公元前500年

普罗旺斯的罗科普图斯开始制作啤酒。

时间线：几个世纪以来啤酒发展史上的里程碑

从历史说起，好啤酒是怎样被制造出来的

误区49：啤酒可以追溯到高卢时期

啤酒作为饮料第一次出现，可以追溯到1万年前，那时候是女人在酿酒。

关于啤酒的大事件和趣事逸闻

公元前3300年

美索不达米亚平原：第一份啤酒配方被记录在陶砖上。

公元前3000年

妇女们在宫殿和饭馆内酿造啤酒。在埃及，人们用麦管和啤酒罐来饮用啤酒。

公元前1760年

美索不达米亚平原的古巴比伦：《汉谟拉比法典》上第一次出现对啤酒酿造、销售和定价的法定条款。

公元前3000年

苏美尔的布劳半圆石板（译者注：最早由布劳博士收藏而得名，现藏于大英博物馆）：第一次有文献记载啤酒被当作贸易谈判的筹码。

公元前2000年

希腊啤酒：用大麦、水果和蜂蜜酿制
南美啤酒：用玉米酿制
印度啤酒：用大麦、小麦或小米酿制

公元前1100年

西班牙：用小麦、大麦和蜂蜜酿制啤酒。

公元3世纪
高卢人发明了酒桶来保存和运输啤酒。"苏克鲁斯"是高卢人的箍桶匠和酿酒师的守护神。

中世纪
12世纪开始，希尔德加德·宾根，女修道院长兼酿酒师，在她的手稿中记录了啤酒花在啤酒保存方面的神奇功效。

19世纪
属于啤酒的一百年：科学技术的发展和工业革命为啤酒工艺带来巨大变革。

1810年
为了欢度巴伐利亚大公路易的婚礼庆典，十月节庆啤酒诞生了。

公元700—800年
修道院和修道院啤酒厂开始扩张。查理曼大帝赐予修士们酿造啤酒的特权。

1685年
修道院啤酒在诺曼底的一家修道院中诞生了。

1842年
第一款下层发酵啤酒在捷克的皮尔森市诞生了。

1856年
博德罗发明了第一台麦汁冷却设备（译者注：这项设备贡献之大，直至今日仍将表面冷却器称为"博德罗冷却器"）。

1268年
圣路易斯对酿酒师颁发了官方许可：这是巴黎第一家酿酒公司。

18世纪
法国大革命时，修道院和修道院酿酒厂纷纷关门，熙笃会修道士纷纷逃亡。

1865年
蒸汽发动机的出现：酿造工业的关键。

1871—1876年
路易·巴斯德（法国化学家及微生物学家）的学生发现，所有的发酵都是微生物作用的结果。人们发明了巴氏消毒法。

1985年
布列塔尼建立了第一家小型酿酒厂（译者注：指年产量小于15 000桶的啤酒厂）：科列夫酿酒厂。

1892年
巴斯德学院设立酿酒学校。法国有超过3 500家酿酒厂。

1980年
法国只有35家酿酒厂。

公元16世纪
酿酒企业的盾徽出现。

14世纪
酿酒师标志的出现：酿酒六芒星

1892年
南锡出现酿酒和麦芽学校基地。

1971年
4名记者在英格兰发起"真艾尔运动"，创建了啤酒消费者协会，力求推广"真艾尔"啤酒。

2015年
法国有700家啤酒酿酒厂
意大利有700家啤酒酿酒厂
德国有1 500家啤酒酿酒厂
英国有1 300家啤酒酿酒厂
美国有3 500家啤酒酿酒厂

816年
瑞士圣加仑地区的酿造工厂显示了啤酒酿造在修道院中的重要地位。

1489年
啤酒的法语"bière"首次正式出现在国王查理十三世的诏书中。

1919年
美国颁布禁酒令，酿酒厂纷纷关闭，从3 200家减少至1983年的80家。禁酒令于1933年被废除。

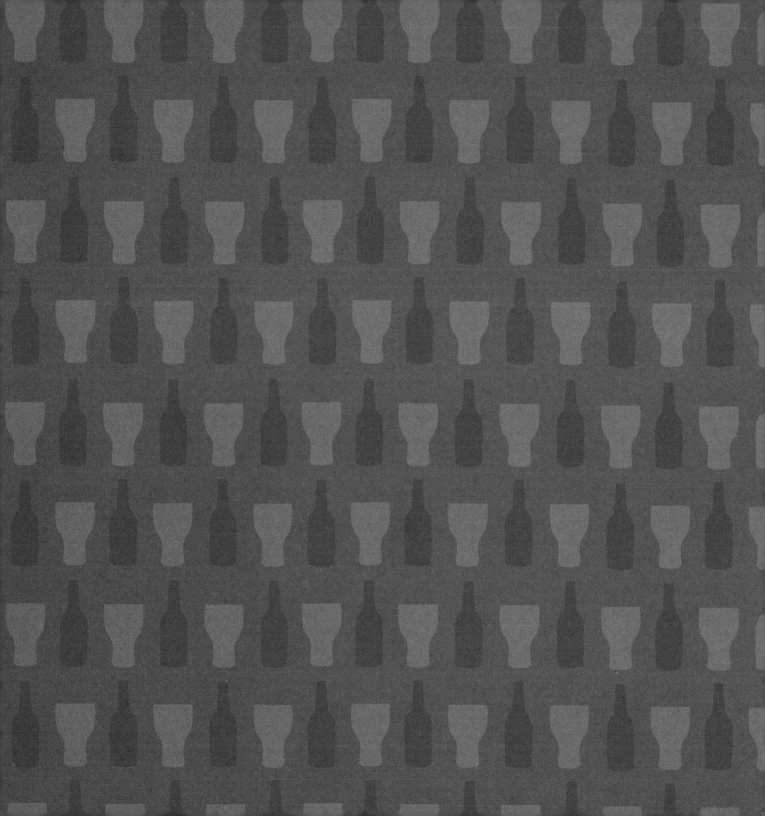

附录

世界啤酒节

全世界啤酒庆典一览表：想会一会来自世界各个角落的酿酒师们吗？并非不可能哦，参阅一下我们为你精选的世界啤酒大事件吧！

• 法国 •

月份	城市	啤酒节名称	开始时间	官方网站
每隔2年的1月	里什蒙（法国摩泽尔河）	富悦啤酒	1998年	http://www.richement-biere.com
每隔2年的3月	让兰（北部省）	啤酒庆典	2003年	http://www.confrerie-bieres-jenlain.com
4月	圣尼古拉码头	啤酒沙龙	1997年	http://www.salondubrasseur.com
5月	巴黎	巴黎啤酒周	2014年	http://laparisbeerweek.com/
5月	艾布（阿登地区）	阿登酿造节	2013年	http://www.fetedelabiere.com/
6月	圣莱昂（吉伦特省）	啤酒节	2009年	http://www.mairie-saintleon.fr/
9月	米卢斯（上莱茵省）	欧洲啤酒大世界	2009年	http://www.mondialbiereurope.fr
9月	圣玛丽-卡佩勒（北部省）	国际啤酒国际日（FIBA）	1997年	http://www.lefiba.com/

• 比利时 •

月份	城市	啤酒节名称	开始时间	官方网站
2月	布鲁日	布鲁日啤酒节	2007年	http://www.brugsbierfestival.be/
3月	鲁汶	神话啤酒节	2004年	http://www.zbf.be/
3月	维莱拉维尔	完全啤酒节	2015年	http://www.villers.be
6月	昂蒂恩	啤酒和美味	2014年	http://www.bieres-et-saveurs.be/
7月	那慕尔	啤酒之都	2011年	http://www.namurcapitaledelabiere.be/
8月	奥斯坦德	北海啤酒	2015年	http://belgium.beertourism.com/
9月	布鲁塞尔	啤酒周末	1998年	http://www.belgianbrewers.be/

• 英国 •

月份	城市	啤酒节名称	开始时间	官方网站
2月	伦敦和格拉斯哥	精酿啤酒冉冉升起	2013年	http://craftbeerrising.co.uk/
4月	佩斯利	佩斯利啤酒	1987年	http://www.paisleybeerfestival.org.uk/
3月	雷丁	雷丁啤酒西打节	1994年	http://www.readingbeerfestival.org.uk/
8月	伦敦	大英啤酒节	1997年	http://gbbf.org.uk/
10月	曼彻斯特	印度人啤酒大会	2012年	http://www.indymanbeercon.co.uk/

世界啤酒节

• 加拿大 •

月份	城市	啤酒节名称	开始时间	官方网站
1月和6月	加蒂诺	魁北克啤酒节	2010年	http://www.festibieredequebec.com/
7月	萨格奈	世界啤酒节	2008年	http://bieresdumonde.ca/
6月	蒙特利尔	世界啤酒	1993年	http://festivalmondialbiere.qc.ca
12月	蒙特利尔	冬季啤酒	2009年	http://www.facebook.com/winterwarmermontreal

• 美国 •

月份	城市	啤酒节名称	开始时间	官方网站
3月	波士顿	美国精酿啤酒节	2007年	http://www.beeradvocate.com/acbf/
6月	华盛顿	啤酒赏鉴	2008年	http://www.savorcraftbeer.com/
7月	波特兰	俄勒冈酿酒师庆典	1987年	http://www.oregonbrewfest.com/
8月	查塔努加	南方酿酒师节	1994年	http://www.southernbrewersfestival.com/#home
9月	丹佛	伟大美国啤酒节	1982年	https://www.greatamericanbeerfestival.com/

• 德国 •

月份	城市	啤酒节名称	开始时间	官方网站
3月	柏林	啤酒节	2013年	http://www.braufest-berlin.de/
8月	柏林	柏林国际啤酒	1996年	http://www.bierfestival-berlin.de/
9月	斯图加特	斯图加特坎施达特民俗节	1818年	http://cannstatter-volksfest.de/de/landing-page/
9月	慕尼黑	十月庆典	1818年	http://www.oktoberfest.eu

• 荷兰 •

月份	城市	啤酒节名称	开始时间	官方网站
10月	阿姆斯特丹	品脱博克啤酒节	1978年	http://www.pint.nl/festivals/

• 意大利 •

月份	城市	啤酒节名称	开始时间	官方网站
2月	里米尼	啤酒星球	1998年	http://www.beerattraction.it/
9月	罗马	发酵庆典	2013年	http://www.fermentazioni.it/
9月	布翁孔文托	啤酒村	2005年	http://www.villaggiodellabirra.com/
10月	罗马	欧洲啤酒花	2013年	http://eurhop.com/

• 克罗地亚 •

月份	城市	啤酒节名称	开始时间	官方网站
8月	卡尔洛瓦茨	啤酒日	1978年	http://karlovac-touristinfo.hr/hr

风味词汇表

 大麦

 小麦

 黑麦

 斯佩耳特小麦

 大米

 玉米

 高粱

 蛋白质

 水

 糖

 水

 啤酒花

食物

 韭葱

 蓝纹奶酪

 红肉

 巧克力

 菊苣

生菜

洛克福羊乳奶酪

 芦笋

 鸡蛋

 大黄

巧克力蛋糕

 蜂蜜

风味词汇表

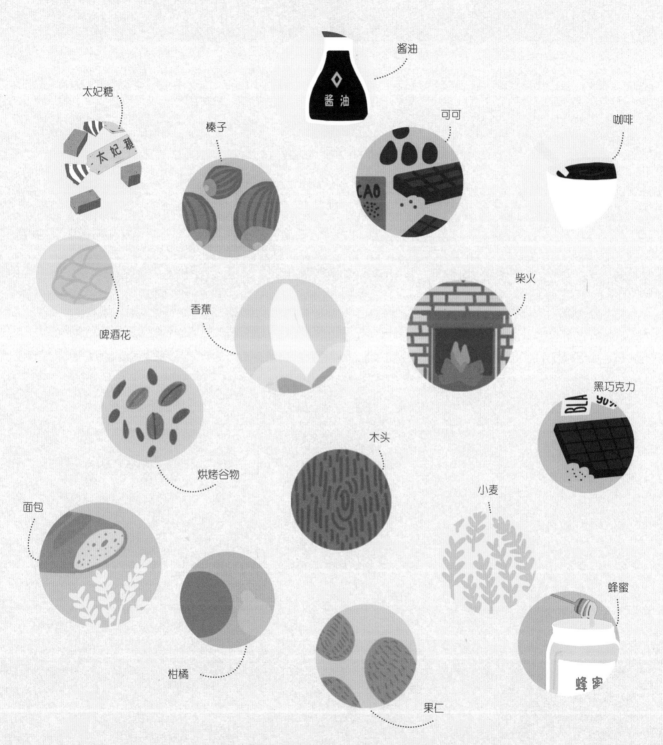

太妃糖

榛子

酱油

可可

咖啡

啤酒花

香蕉

柴火

黑巧克力

木头

小麦

面包

烘烤谷物

柑橘

果仁

蜂蜜

图书在版编目（CIP）数据

啤酒有什么好喝的 /（法）伊丽莎白·皮埃尔,（法）
安妮·洛尔范著；（法）梅洛迪·当蒂尔克绘；吕文静
译. —— 北京：中信出版社, 2017.7
　　ISBN 978-7-5086-7496-4

Ⅰ. ①啤… Ⅱ. ①伊… ②安… ③梅… ④吕… Ⅲ.
①啤酒—基本知识 Ⅳ. ①TS262.5

中国版本图书馆CIP数据核字(2017)第085068号

Bierographie ©2015, HACHETTE LIVRE (Hachette Pratique).
Text by Elisabeth Pierre, Anne-Laure Pham.
Illustrations by Melody Denturck.
Chinese edition arranged through Dakai Agency Ltd.

啤酒有什么好喝的

著　　者：［法］伊丽莎白·皮埃尔　［法］安妮·洛尔范
绘　　者：［法］梅洛迪·当蒂尔克
译　　者：吕文静
策划推广：北京地理全景知识产权管理有限责任公司
出版发行：中信出版集团股份有限公司
　　　　　（北京市朝阳区惠新东街甲4号富盛大厦2座 邮编 100029）
制　　版：北京美光设计制版有限公司
承　印　者：北京华联印刷有限公司

开　　本：700mm×900mm 1/12　　印　张：10.5　　字　数：140千字
版　　次：2017年7月第1版　　　　印　次：2017年7月第1次印刷
京权图字：01-2017-3859　　　广告经营许可证：京朝工商广字第8087号
书　　号：ISBN 978-7-5086-7496-4
定　　价：68.00 元